车艳芳　邢素丽　编著

无公害蔬菜

标准化生产技术（北方本）

河北科学技术出版社

图书在版编目(CIP)数据

无公害蔬菜标准化生产技术 : 北方本 / 车艳芳, 邢素丽编著. -- 石家庄 : 河北科学技术出版社,2013.12
(2023.1 重印)
ISBN 978-7-5375-6543-1

Ⅰ.①无… Ⅱ.①车… ②邢… Ⅲ.①蔬菜园艺-无污染技术 Ⅳ.①S63

中国版本图书馆 CIP 数据核字(2013)第 268947 号

无公害蔬菜标准化生产技术(北方本)
车艳芳　邢素丽　编著

出版发行　河北科学技术出版社
地　　址　石家庄市友谊北大街 330 号(邮编:050061)
印　　刷　三河市南阳印刷有限公司
开　　本　910×1280　1/32
印　　张　7
字　　数　140 千
版　　次　2014 年 2 月第 1 版
　　　　　2023 年 1 月第 2 次印刷
定　　价　25.80 元

Preface 序

推进社会主义新农村建设，是统筹城乡发展、构建和谐社会的重要部署，是加强农业生产、繁荣农村经济、富裕农民的重大举措。

那么，如何推进社会主义新农村建设？科技兴农是关键。现阶段，随着市场经济的发展和党的各项惠农政策的实施，广大农民的科技意识进一步增强，农民学科技、用科技的积极性空前高涨，科技致富已经成为我国农村发展的一种必然趋势。

当前科技发展日新月异，各项技术发展均取得了一定成绩，但因为技术复杂，又缺少管理人才和资金的投入等因素，致使许多农民朋友未能很好地掌握利用各种资源和技术，针对这种现状，多名专家精心编写了这套系列图书，为农民朋友们提供科学、先进、全面、实用、简易的致富新技术，让他们一看就懂，一学就会。

本系列图书内容丰富、技术先进，着重介绍了种植、养殖、职业技能中的主要管理环节、关键性技术和经验方法。本系列图书贴近农业生产、贴近农村生活、贴近农民需要，全面、系统、分类阐述农业先进实用技术，是广大农民朋友脱贫致富的好帮手！

中国农业大学教授、农业规划科学研究所所长
设施农业研究中心主任 张天柱

2013年11月

Foreword 前言

农业是国民经济的基础，是国家稳定的基石。党中央和国务院一贯重视农业的发展，把农业放在经济工作的首位。而发展农业生产，繁荣农村经济，必须依靠科技进步。为此，我们编写了这套系列图书，帮助农民发家致富，为科技兴农再做贡献。

本系列图书涵盖了种植业、养殖业、加工和服务业，门类齐全，技术方法先进，专业知识权威，既有种植、养殖新技术，又有致富新门路、职业技能训练等方方面面，科学性与实用性相结合，可操作性强，图文并茂，让农民朋友们轻轻松松地奔向致富路；同时培养造就有文化、懂技术、会经营的新型农民，增加农民收入，提升农民综合素质，推进社会主义新农村建设。

本系列图书的出版得到了中国农业产业经济发展协会高级顾问祁荣祥将军，中国农业大学教授、农业规划科学研究所所长、设施农业研究中心主任张天柱，中国农业大学动物科技学院教授、国家资深畜牧专家曹兵海，农业部课题专家组首席专家、内蒙古农业大学科技产业处处长张海明，山东农业大学林学院院长牟志美，中国农业大学副教授、团中央青农部农业专家张浩等有关领导、专家的热忱帮助，在此谨表谢意！

在本系列图书编写过程中，我们参考和引用了一些专家的文献资料，由于种种原因，未能与原作者取得联系，在此谨致深深的歉意。敬请原作者见到本书后及时与我们联系（联系邮箱：tengfeiwenhua@ sina. com），以便我们按国家有关规定支付稿酬并赠送样书。

由于我们水平所限，书中难免有不妥或错误之处，敬请读者朋友们指正！

编　者

CONTENTS
目 录

第一章 无公害蔬菜标准化生产概述

第二章 无公害蔬菜的类型与品种

第三章　无公害蔬菜的育苗与采种

第四章　无公害蔬菜生产的栽培

第五章　无公害蔬菜的产品与加工

第六章 无公害蔬菜的病虫害防治

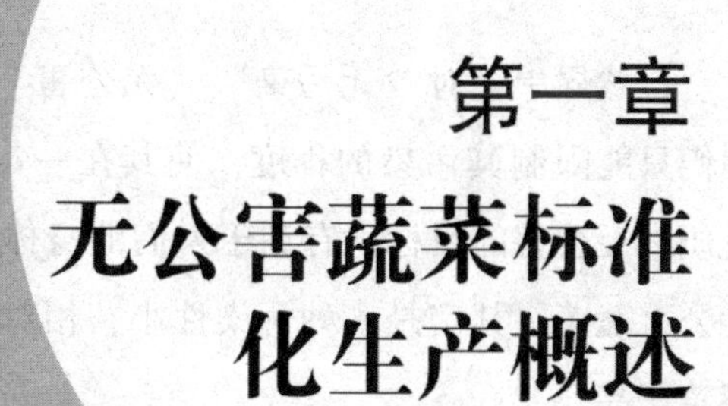

第一章 无公害蔬菜标准化生产概述

第一节 无公害蔬菜的生产现状

一、无公害蔬菜的概念

自然界中绝对“无污染”“无公害”的蔬菜产品是不存在的，我们只能限制其污染的程度，使其在一定的标准规范下达到安全、优质、无公害的目标，有利于人们的身体健康。因此，我们所讲的无公害蔬菜，其实是一种污染性小、相对安全、优质、富含营养的蔬菜产品。

无公害蔬菜产品的生产要求其产地符合规定的生态环境标准，操作过程符合特定的生产标准，生产食品达到绿色食品的要求。中国绿色食品分为两级，即生产过程中不使用任何化学合成物质的 AA 级标准和允许在生产过程中使用限量的化学合成物质的 A 级标准。经过相关部门认定的符合要求的蔬菜产品，才可被认定为无公害蔬菜。

二、世界无公害蔬菜的发展现状

第二次世界大战之后，一些发达国家和地区为了提高产量，丰富产品，将化学农药、肥料、生长激素等物质投入到农业生产中，破坏了生态平衡。跨越20世纪，人们渐渐意识到保护生态平衡的重要性，为了既可以发展农业生产，又不使生态环境得到破坏，各个国家纷纷建立了一些协会和组织机构，以期达到一种生态、社会、经济共同发展的农业体系。在英语语系中该体系被称为“有机农业”，在一些非英语语系中被称为“生态农业”，在德国被称为“生物农业”，在日本被称为“自然农业”，我国将其称为“可持续农业”。

1972年，有机农业国际运动联盟（简称IFOAM）在法国成立，其总部建在德国。1991年9月，联合国成立了世界可持续农业协会，简称WSAA。这之后，日本也成立了自然农法协会，简称MOA。不同组织机构，其管理办法和执行标准也不同。

1992年，联合国在巴西召开了关于“环境与发展”的各国首脑会议。会议将农业的可持续发展作为未来全球共同发展的战略目标。这之后，世界许多国家纷纷加强了环保意识，此举加速了有机农业、生态农业、生物农业、自然农业、可持续农业的发展。

数据表明，自1989年之后，无公害食品市场的规模一直在扩大，并以每年20%的速度增长。有专家预测，无公害食品将逐渐取代现有的常规食品，成为21世纪餐桌上的主导。

三、我国无公害蔬菜的发展现状

1982 年，我国开始对无公害蔬菜产品进行研究和生产；1983 年，经过农业部植保总站的组织，全国有 23 个省市展开了关于无公害蔬菜的研究、实验和推广工作。根据调查，1998 年前，全国无公害农产品品种达到 17 种，示范田面积有 29.2 万公顷，总产量达 639.54 万吨，并且有 95 家企业的 144 个蔬菜产品进行了绿色食品标志的注册。

自从我国开展无公害蔬菜的研究生产以来，已经取得了一定的理论与实际相结合的研究成果，并研制了一批高效、无毒害的生物农药，总结了一套以生物防治为主的蔬菜病虫害综合防治技术。

第二节 生产无公害蔬菜的意义

(一) 生产无公害蔬菜有益于人体健康

安全、优质的蔬菜产品可以保障人们的身体健康，如果食用遭到污染的蔬菜，轻者导致疾病，严重者造成死亡。

蔬菜中的硝酸盐进入人体后，过高的 NO_3^- 浓度容易产生高铁血红蛋白，使人体血液变成蓝黑色，导致人体因患蓝婴病（高铁血红蛋白症）而死亡。除此之外，硝酸盐还可以转化成为亚硝酸盐，成为致癌和致畸的亚硝酸胺，亚硝酸胺通过蔬菜进入人体，将会给人带来极大的伤害。

1973 年，世界卫生组织和联合国粮农组织制定了食品中硝酸盐的含量标准，即每天硝酸盐和亚硝酸盐的摄入量分别为每千克 5 毫克和 0.2 毫克。1982 年，中国农业科学院生物防治所建议中国蔬菜中硝酸盐的含量可分为 4 级标准，见表 1-1。

表 1-1　蔬菜中硝酸盐含量的分级标准

项目	一级	二级	三级	四级
硝酸盐含量（毫克/千克）	≤432	≤785	≤1440	≤3100
程度	轻度	中度	高度	严重
卫生标准	允许	不宜生食，熟食、盐渍可以	可以生食，盐渍、熟食可以	不允许

由此可见，生产无公害优质的蔬菜产品才能有益于人体健康。

（二）生产无公害蔬菜可以增加农民收入和农业效益

随着居民生活水平的提高，人们对蔬菜质量的要求越来越高，无公害蔬菜恰恰满足了人们这种需求，因此越来越受到人们喜爱。无公害蔬菜产业的发展对提高蔬菜质量、适应高要求的市场很有必要。同时，市场研究表明，无公害蔬菜比普通蔬菜价格平均高出20%，因此发展无公害蔬菜可以提高农民的收入。目前，我国一些大城市开始实行市场准入制，没有获得无公害农产品认证的农产品不能进入市场。因此，为了增加农业效益，促进农村经济稳步发展，必须积极地开展无公害蔬菜的产地认证和产品认证。

（三）生产无公害蔬菜有利于外销

改革开放以后，我国蔬菜栽培面积越来越大，蔬菜产量不断增加，蔬菜生产得到了良好的发展。随着国内市场的饱和，开拓国际市场是发展蔬菜经济的有效途径之一。然而我国蔬菜生产中出现的公害问题严重影响了蔬菜的出口创汇。目前，蔬菜出口的主体市场都有自己的相应标准，而中国出口的一些肉类、鱼类、茶叶、蔬菜却因为农药和重金属等有害有毒物质残留及超标被拒收，许多出口蔬菜产品被迫退出国际市场。因此，只有发展符合出口标准的无公害蔬菜才能提高蔬菜的质量，有利于外销。

第三节 蔬菜标准化生产的特点及内容

一、蔬菜标准化生产的特点

（1）面向对象有生命 蔬菜标准化面向的对象容易受到外界的干扰，其中受自然条件影响较大，有许多不受控制的因素如土壤、气温、降雨、风力和农业结构等。由于蔬菜标准化生产面向的对象是有生命的，所以对同一标准化对象实行同一标准，得到的经济效果也是不一样的。比如，同样的农业新技术，在不同条件下产生的结果也不同。因此，要根据蔬菜标准化生产的对象，制定最合适的标准。

（2）地区性较强 蔬菜生产容易受到自然界的限制，有很强的地区性。同一种产品因产地不同，其品质也不会相同，同一种生产技术如果运用的地区不同，对蔬菜产品产生的效果也不一样。我国蔬菜生产标准中设有农业地方标准，就是考虑到这点。

（3）生产标准复杂性 蔬菜标准化生产制定标准周期长，考虑因素多，因此具有一定的复杂性。

由于农业生产过程比较长，所以在制定生产标准时周期也较长。

为制定生产标准而进行的相关试验，其周期一般是 1 年，但如果有失误或者试验失败，就要再进行 1 年，因此，一项农产品标准的制定至少需要 3 年的统计数据。

农业生产受到各种因素影响，新品种的培育、使用和推广过程需要各种先进技术和设备如地膜、化肥、农药、温室等的相互配合，这些因素只要有一项做不好，就会影响农业生产效益。因为蔬菜标准化生产面向的对象是有生命的，各自有其独有的生长发育规律，因此农业生产标准化工作比其他行业的标准化生产工作更复杂。

(4) 文字标准与实物标准同步　蔬菜标准化生产的文字标准属于客观实物的文字表达，但是文字标准是抽象的，人们的理解能力和认识水平不同，产生的效果也不同，有些感官标准如色泽、口味等很难用文字描述的就需要同步制定实物标准，以便于人们的理解和标准的实施。

二、蔬菜标准化生产的内容

蔬菜的标准化生产有蔬菜种子的标准化、生产技术的标准化和产品质量的标准化，其中产品质量标准是蔬菜标准化生产的核心内容，种子标准化是实现产品质量标准化的基础，生产技术标准化是产品质量标准化的保障。

(1) 种子的标准化　蔬菜种子的标准化生产指的是对蔬菜果实、种苗、菌种、砧木和接穗等所有用于繁殖的材料进行标准化的管理。种子标准有品种标准、原良种生产技术的规程、种子的质量分级标准、种子检验方法标准、种子包装贮藏运输标准。

品种标准可以帮助鉴别蔬菜品种的真实性，通过品种名称、来源、典型性状、生育期、抗逆性、适应性能、成熟期以及种植要点等的相关描述，对优良品种做出明确说明，对其栽培技术要点做出科学的规范。

蔬菜种子的质量分级标准可以帮助鉴别种子质量的优劣，主要包括品种纯度、种子净度、发芽率、水分含量以及杂草种子等的鉴别。

原良种的生产技术规程可以帮助种子提高繁殖力和制种质量，防止混杂退化，不同的作物、繁殖对象、繁殖方式、授粉方式、技术要求和外界环境要求，其原良种的生产技术规程也不同。

蔬菜种子的检验规程依据品种标准和种子质量检验标准而定，为了使检验准确性更高，所以对种子检验的项目、内容、程序、方法和手段制定了统一的规程。

(2) 蔬菜产品质量的标准化　蔬菜产品质量标准化针对蔬菜产品质量性能，为蔬菜的生产、经营和使用制定出共同遵守的技术准则。蔬菜产品质量的指标通过产品品质、外观、加工技术性能和安全卫生性能几个方面达成，它是产品质量分级和检验的根据。不同的产品有不同的质量指标。

(3) 蔬菜生产的技术规程　蔬菜生产的技术规程通过选用良种，充分利用现代先进的种植技术，合理安排播种期，科学调整肥水使用等的技术措施，对蔬菜产品进行标准化的管理，实现蔬菜的高效、高产、优质发展。

不同的作物、品种、种植方式，其蔬菜生产的技术规程也不一样，其所规定的项目和指标也不相同。一般该技术规程包含经济技术指标、品种、选地、整地、播种、育苗、定植、疾病防治、收获和贮藏几大方面。

除了上述内容，蔬菜标准化生产还有农业机具作业、农药安全、种植设施、土壤质量等方面。

第四节 蔬菜标准化生产的产地环境标准

无公害蔬菜的标准化生产主要依据产地质量标准、产地环境质量标准和蔬菜生产的技术规程，其中产地环境标准是无公害蔬菜生产的基础，在进行无公害蔬菜标准化生产时，产地环境标准一定要达到相关要求。建立无公害蔬菜标准化生产基地可以切断环境中有害物质的污染。无公害蔬菜的标准化生产基地应是不受污染源影响，污染物含量在允许的范围内同时生态环境良好的区域。因此，在开辟新的生产基地时，首先要对土、水、气进行严格的检测，确保不受污染源和污染物的影响，同时还要考虑土壤肥沃、地势平坦、排灌良好、是否适合蔬菜生产、是否便于销售等问题。

无公害蔬菜产地环境要求如表 1-2、表 1-3、表 1-4 所示。

表 1-2 环境空气质量指标

项目	指标	
	日平均	1 小时平均
总悬浮颗粒物（标准状态，毫克/米^3≤）	0.30	—
二氧化硫（标准状态，毫克/米^3≤）	0.15	0.50
氮氧化物（标准状态，毫克/米^3≤）	0.10	0.15
氟化物［标准状态，微克/（米^2·天≤）］	5.0	
铅（标准状态，微克/米^3≤）	1.5	

表 1-3 灌溉水质量指标

项 目	指标	项 目	指标
氯化物（毫克/升）	≤250	总铅（毫克/升）	≤0.1
氰化物（毫克/升）	≤0.5	总镉（毫克/升）	≤0.005
氟化物（毫克/升）	≤3.0	铬（六价）（毫克/升）	≤0.10
总汞（毫克/升）	≤0.001	石油类（毫克/升）	≤1.0
总砷（毫克/升）	≤0.05	pH 值	5.5~8.5

注：表中数据来源于中华人民共和国国家标准 GB/T 18407.1-2001。

表 1-4　土壤环境质量要求

项　　目	指标		
	pH 值<6.5	pH 值 6.5~7.5	pH 值>7.5
总汞（毫克/千克）	0.3	0.50	1.0
总砷（毫克/千克）	40	30	25
铅（毫克/千克）	100	150	150
镉（毫克/千克）	0.3	0.3	0.60
铬（毫克/千克）	150	200	250
六六六（毫克/千克）	0.5	0.5	0.5
滴滴涕（毫克/千克）	0.5	0.5	0.5

注：表中数据来源于中华人民共和国国家标准 GB/T 18407.1-2001。

第二章
无公害蔬菜的类型与品种

第一节 青菜类型与品种

青菜又名小白菜、小青菜、油菜、普通白菜、不结球白菜等。原产中国，栽培历史悠久。我国各地均有栽培，长江以南为主产区。现在北方地区青菜的栽培也很普遍。在蔬菜周年供应中，青菜起着不可替代的作用，特别是在夏季，更受消费者欢迎。青菜整个植株可供鲜食，也可腌渍或制成干菜（脱水菜）。

我国青菜品种资源非常丰富。根据形态特征、生物学特性及栽培特点，可分为秋冬青菜、春青菜和夏青菜三大类，各类又包括不同的类型和品种。在进行周年生产时，不同栽培季节和栽培方式应选用相应的品种。

(一) 秋冬青菜

秋季播种，当年冬季或翌年春季采收。株型直立或束腰（植株中部细，茎部粗）。耐寒力较弱。依叶柄颜色，分为白梗与青梗两种类型。白梗类型的叶柄为白色，代表品种有南京矮脚黄、南京高桩、南京二白、常州短白梗、常州长白梗、无锡矮箕大叶黄、无锡长箕白菜、广东矮脚乌叶、广东中脚黑叶、淮安瓢儿菜、合肥小叶菜、湘潭束腰白等。青梗类型的叶柄为绿白色至浅绿色，代表品种有上海矮箕、无锡小圆叶、杭州早油冬、苏州青、常州青梗菜、上海矮

抗青、上海冬常菜（J78-09）等。

（二）春青菜

晚秋播种，翌年春季供应。株型多开张，少数直立或束腰。耐寒力强，产量高。按春季抽薹的早晚和上市期，分为早春菜和晚春菜两类。

早春菜为中熟种，抽薹较早。代表品种有白梗类型的南京亮白、无锡三月白、扬州梨花白等；青梗类型有杭州晚油冬、上海二月青、上海三月青等。

晚春菜为晚熟种，抽薹较晚。代表品种有白梗类型的南京四月白、杭州蚕白菜、无锡四月白等和青梗类型的上海四月青、上海五月青、合肥四月青等。

（三）夏青菜

可在夏秋高温季节栽培，抗高温、抗病虫害能力较强。代表品种有：上海大白菜、杭州荷叶白、广州马耳白菜、成都水白菜、南京矮杂一号、夏冬青 JⅡ、17 号白菜、华王青菜、正大抗热青、绿星青菜、上海小叶青、江苏热抗白、江苏热抗青等。现将其中 7 个品种的特性特征简单加以介绍。

1. 南京矮杂一号　南京农业大学园艺系选育的抗病、耐热青菜品种，20 世纪 80 年代初通过江苏省农作物品种审定委员会审定。

株型直立，微束腰。叶片广卵圆形，淡绿色，叶肉较厚。叶柄白色，扁圆形，厚 1.0～1.2 厘米，长 10.0～14.5 厘米，上部宽 3.5～5.5 厘米。单株重 250 克左右，每亩产 2000～3000 千克，高产者可达 4000 千克。生长迅速，耐高温、暴雨，抗病力较强，为长江流域一些省份的青菜主栽品种。

2. 夏冬青 JⅡ　上海市农业科学院园艺所选育的青菜杂一代品

种，1990年通过上海市科委组织的技术鉴定。

株型矮，直立，株高23~24厘米，株幅35厘米。叶片绿色，椭圆形，全缘，叶面光滑。叶柄浅绿色，厚0.8~1.2厘米，下部宽6~8厘米。耐高温及低温，抗病毒病和霜霉病。粗纤维少，品质优良。夏秋季或秋冬季均可栽培。

3. 17号白菜　广东省农业科学院经济作物研究所和植物保护研究所育成的青菜品种，1991年通过广东省农作物品种审定委员会审定。

植株直立，株高23.6厘米，株幅35厘米。叶片椭圆形，全缘，深绿色，有光泽，叶柄白色，匙形。单株重400克左右。耐热，抗病毒病和霜霉病。品质优。适宜夏秋季栽培。生长期35~45天。夏播每亩产1410~1500克；秋播每亩产2000~2500克。

4. 绿星青菜　南京市蔬菜种子站育成的杂一代青梗小白菜品种。

株型直立，头大束腰，株高30厘米，株幅32厘米。叶片广卵圆形，叶面光滑，绿色。叶柄绿白色，宽而厚。成株叶片数22~25片，单株重600~700克。适应性强，耐热，耐寒，抗病力强。适宜周年栽培。

5. 热抗青、热抗白　江苏省农业科学院蔬菜研究所培育的耐热小白菜一代杂种。

株高37厘米，株幅46厘米，株型直立，生长势旺。叶片大而厚，叶色深绿，叶面平滑，全缘。叶柄短而扁。热抗青的叶柄为绿色；热抗白的叶柄为白色。

耐热性强，在夏季高温下可正常生长。生长速度快，从播种到收获需35~40天，单株重200~300克。移栽成活率高。抗病毒病、霜霉病力强。纤维少，口感略甜，品质佳。

6. 华王青菜　从日本引进的杂一代矮箕青菜品种。

株高14~19厘米，株幅23~26厘米，单株叶数8~10片。叶片鸭舌形。叶柄青绿色，叶片上端稍下垂。束腰。单株重38~82克。抗热性强，在35~38℃温度下可正常生长。适宜在夏季栽培。

7. 正大抗热青　江苏省正大种子有限公司生产的杂一代青菜品种。

株型直立。叶片椭圆形，全缘，草绿色。叶柄扁平，嫩绿色。抗热性强，在35~38℃高温下可正常生长。适宜在夏季栽培。

第二节 芹菜类型与品种

芹菜，别名芹、旱芹、药芹菜、野芫荽等。原产地中海沿岸的沼泽地带。2000年以前，古希腊人最早栽培，开始做药用，以后做香辛蔬菜，经意大利、法国、英国的进一步选择和培育，形成叶柄特别肥厚、药味减少的菜用芹菜，就是现在所称的西芹。中国的芹菜是从高加索引进的，从汉代开始栽培，经过长期的选育，形成叶柄细长、药味较重的芹菜类型，就是现在所称的中国芹菜。

芹菜在世界各国普遍栽培，也是我国南北各地栽培的主要蔬菜种类之一。芹菜的适应性很强，北方地区露地栽培配合保护地栽培，可以做到周年生产，同时由于栽培管理比较容易掌握，成本较低，产量高，效益好，已成为北方保护地蔬菜栽培中的重要种类之一。

芹菜的主要食用部分为叶柄，可炒菜、凉拌、腌渍。叶片用面粉拌匀后蒸熟，加蒜米油或辣椒油调味，也很好吃。近年来，还有芹菜汁饮料上市，芹菜加工利用的前途也是很广阔的。

根据叶柄的形态，芹菜分为中国芹菜和西芹两种类型。

(一) 中国芹菜

别名本芹。植株高大，直立。叶片繁茂，叶柄细长，纤维较多。在我国栽培历史悠久，栽培范围很广，经长期选育，形成了许多优良的地方品种。根据叶柄髓腔的大小有实心和空心两种；根据叶柄的颜色有绿芹和白芹两种。其中还有一些中间类型的品种。

实心芹菜又叫实秆芹菜。叶柄的髓腔很小或不明显，腹沟窄而深，多为绿色或黄绿色，品质较好，产量较高，耐贮藏，春季抽薹较晚。北方主要的优良品种如下。

1. 白庙芹菜　天津市郊区农家品种。株高 70 厘米。叶柄宽 4~5 厘米，厚约 0.8 厘米，纤维少，香味浓，品质好。叶片及叶柄均为黄绿色。单株重约 200 克，每亩产 5000 千克左右。春季栽培不易抽薹。适应性强，可周年栽培。

2. 津南实芹 1 号　天津市南郊区双港乡农技站从当地白庙芹菜中选育的新品种。生长势强，株高 80~100 厘米，生长速度快。叶柄较长，宽而厚，黄绿色，基部白绿色，纤维少，质地脆嫩，香味浓，品质优。单株重 0.25~1.5 千克。高产田每亩可产 10000 千克。耐寒，耐盐碱，抽薹晚，可周年栽培，适于越冬保护地栽培。

3. 春丰芹菜　北京市农林科学院蔬菜研究所培育的品种。株高 70~80 厘米，株型直立，长势强。叶柄长而粗，浅绿色，质脆嫩。叶片绿色。耐寒，但不耐热，生长速度快，抽薹晚。每亩产 3500~5000 千克。适于春季和越冬保护地栽培。

4. 铁杆芹菜　河北保定、张家口一带的地方品种。植株高大，叶色深绿。叶柄绿色，纤维少，品质好。单株重 1 千克以上，抽薹晚，耐贮藏，适于春、秋季栽培。

5. 长治芹菜　山西省长治市地方品种。株高 75 厘米。叶柄绿色，短而粗，最大叶柄长 42 厘米，宽 1.4 厘米，厚 1.7 厘米，纤维少，风味浓，品质优。叶片浅绿色。平均单株重 325 克。耐热力强，适于夏季栽培。

6. 实秆绿芹　陕西省西安市郊区农家品种。株高 80 厘米左右。最大叶柄长 50 厘米，直径约 1 厘米，背面棱线细，腹沟较深，纤维少，品质好，生长快，产量高。叶柄和叶片均为深绿色。耐寒，耐贮藏，适于秋季和越冬保护地栽培。

7. 桓台实心芹菜　山东省桓台县地方品种。株高 90 厘米左右，长势强。最大叶柄长 70 厘米，宽约 1.1 厘米，厚约 0.5 厘米，质地脆嫩，品质好。叶色深绿。单株重 500 克以上，每亩产 5000~7000 千克。耐寒力较强，抽薹晚，适于周年栽培。

8. 玻璃脆　河南省开封市从由广东佛山市引进的西芹与当地实秆青芹天然杂交后代中选育而成的品种。株高 70 厘米，生长势强。叶柄黄绿色，最大叶柄长 60 厘米，宽 2.4 厘米，厚 0.95 厘米，纤维少，药味轻，质地脆嫩，品质佳。叶片绿色，每株有叶片 12 枚左右。平均单株重 0.5 千克，每亩产 5000~7500 千克。适应性强，耐寒、耐热、耐贮藏运输，适于周年栽培，特别是越冬保护地栽培。

9. 呼市实秆芹菜　内蒙古自治区呼和浩特市地方品种。株高约 48 厘米。最大叶柄长 31 厘米，宽 0.9 厘米，厚 0.8 厘米。叶柄绿色，纤维少，药味较浓，叶片浅绿色，单株重 62 克。耐热，适于夏季栽培。

10. 青苗芹菜　山东省济南市地方品种。株高约 95 厘米，长势强。最大叶柄长 70 厘米，宽 1 厘米，厚 0.5 厘米，深绿色，纤维少，品质好，叶片绿色。单株重约 250 克。适于秋季栽培。

空心芹菜又叫空秆芹菜。叶柄髓腔较大，腹沟宽而浅，多为绿色或淡绿色。品质较差，春季易抽薹，但耐热性较强，宜于夏季栽培。北方主要的优良品种如下。

1. 新泰芹菜　山东省新泰市地方品种。株高 90~100 厘米。最大叶柄长 60 厘米，宽 1.2 厘米，厚 0.5 厘米。叶柄淡绿色，纤维少，品质好。叶片绿色。单株重约 500 克，每亩产 5000 千克左右。耐寒力和耐热力均较强，可周年栽培。

2. 空心芹菜　辽宁省大连市地方品种。生长势强。株高约 72 厘米。叶柄细长，最大叶柄长 50 厘米，宽 1.2 厘米，厚 0.8 厘米，绿色，纤维少，香味浓，品质好。单株重 450 克左右。耐热，耐寒，耐贮藏。可周年栽培。

3. 空秆绿芹　陕西省宁强县地方品种。植株矮小，高 45 厘米左右。叶柄细而短，最大叶柄长 25 厘米，宽 0.6 厘米，厚 0.2 厘米，绿色，纤维少，香味浓，品质优。叶片淡绿色。单株重约 50 克。适于春季栽培。

4. 正大脆芹　浙江省金华市政府蔬菜办公室陈菊芳于 2000 年从江苏正大种子有限公司引进的耐热芹菜品种。株高 60~70 厘米。叶片淡绿色，单株叶数 12 枚左右。叶柄黄色，长 60 厘米，宽约 2.4 厘米，厚 0.95 厘米，纤维少，质地脆嫩，品质优。适应性强，耐热，可周年栽培。

5. 双城空心芹菜　黑龙江省双城县地方品种。株高 90 厘米左右。最大叶柄长 70 厘米，直径 1.8 厘米，绿色，纤维少，品质好。叶片绿色。单株重约 1.18 千克。耐热力强，适于夏季栽培。

6. 永城空心芹菜　河南省永城县地方品种。株高 53 厘米左右。

叶柄粗壮，最大叶柄长 33 厘米，厚 0.7 厘米，宽 2.1 厘米，绿色，纤维少，品质优。叶片淡绿色。单株重 62 克左右，适于夏季栽培。

7. 小花叶芹菜　河南省柘城县及商丘市一带栽培较多。株高 80~90 厘米。叶片深绿色，较小。叶柄绿色。单株重 400 克左右，每亩产 4000 千克左右。适于秋季栽培。

8. 岚山芹菜　山东省日照市岚山镇特产。株高 90 厘米。叶柄长 72 厘米，基部黄白色，向上变为黄绿色，脆嫩，无渣，药味轻。单株叶数 8~15 枚，叶片绿色。平均单株重 250 克，每亩产 5000~7500 千克。生长迅速，适应性强，耐寒力较强，适于秋季栽培。

9. 黄苗芹菜　山东省济南市地方品种。长势强，株高 95 厘米左右。最大叶柄长 65 厘米，宽 1.2 厘米，厚 0.5 厘米，黄绿色，纤维少，味浓，品质好。叶片浅绿色。单株重 200 克左右。适于春季栽培。

10. 晚青芹菜　又名黄慢心。江浙一带栽培较多。株高 66 厘米。叶柄淡绿色，长而粗，宽 1.8 厘米，厚 0.6 厘米，纤维少，品质好。叶片绿色。单株重 500 克左右。耐寒力较强，抽薹晚，产量高，晚熟，适于秋、冬季栽培。

11. 菊花大叶　天津市地方品种。株型直立，株高 70 厘米左右。叶片和叶柄均为深绿色。叶柄粗大、空心。质地脆嫩，纤维少，品质好。单株重 150~250 克，每亩产 5000 千克左右。耐寒，耐热，生育期 120 天左右。适于北方地区春、秋季提前或延后的保护地栽培。

（二）西芹

又叫洋芹。从欧、美地区引进。株高60~80厘米。叶柄肥厚，短而宽，一般宽3~5厘米，长30~40厘米。多为实心，质地脆嫩，纤维少，味清淡，品质优，产量高。耐热力不如中国芹菜。

1. 意大利夏芹　中国农业科学院蔬菜花卉研究所从意大利引进。植株生长旺盛，枝叶较直立。株高80~90厘米。单株叶数12枚左右，叶色深绿，叶片较大。叶柄长45厘米，基部宽3.5厘米，厚1.4厘米，实心，质地致密脆嫩，纤维少，香味浓，品质优。单株重600克以上，一般每亩产6500千克，高产田可达14000千克。抗病，耐寒也耐热，不易抽薹，可全年栽培，但秋季栽培产量最高。生育期100~120天。

2. 意大利冬芹　中国农业科学院蔬菜花卉研究所从意大利引进。植株生长势强，株高70~80厘米。叶柄粗大，长36厘米，基部宽1.5厘米，厚1厘米，深绿色，实心，质地脆嫩，纤维少，不易老化。叶片深绿色。单株重250克左右，每亩产6500千克。适应性强，抗病，耐寒也耐热，晚熟，适宜春、秋露地栽培和保护地栽培。

3. 佛罗里达683　中国农业科学院蔬菜花卉研究所从美国引进。植株生长势强。株高60厘米，株型紧凑，圆筒形，叶及叶柄均为绿色。叶柄肥厚，长25~28厘米，基部宽3厘米左右，实心，质地脆嫩，纤维少，药味轻，易软化，品质优。单株重1.5千克，每亩产6000~7000千克。缺点是不耐寒，易抽薹。适于秋季栽培。生长期110~115天。

4. 美国白芹　由美国引进的黄色品种。植株较直立，株型较紧凑。株高60厘米。叶柄长20厘米，宽2.5厘米，黄白色，纤维少，

质脆嫩，品质优。叶片黄绿色。单株重0.75~1千克，每亩产5000~7500千克。适应性较强。保护地栽培时，植株下部叶柄全部成为象牙白色，商品性好。

5. 高尤它　从美国加利福尼亚州引进。株高60~70厘米，叶柄抱合呈圆柱形。叶柄肥厚，横断面半圆形，光滑，实心，绿色，长约30厘米，基部宽3厘米，厚1.2厘米，质地脆嫩，纤维少，品质优。叶片大，绿色。单株重1千克左右，每亩产6000~7000千克。抗病毒病、叶斑病和缺硼症。

6. 文图拉　从美国引进。生长势强，株型紧凑，株高80厘米以上。叶片大，叶色绿。叶柄淡绿色，长50~60厘米，基部宽3~4厘米，腹沟浅，抱合紧凑，质地脆嫩，纤维很少，品质优。单株重约1千克，一般每亩产5000千克，高产田可达7500千克。抗枯萎病、缺硼症。适于秋、冬季栽培。生育期105~110天。

7. 惟勤西芹　从香港惟勤企业有限公司引进。株高75厘米以上，生长旺盛。叶片大，深绿色。叶柄抱合紧凑，质地脆嫩，纤维极少，口感好。耐热，抗病。单株重1.5千克左右，每亩产9000千克。适宜夏、秋季栽培。

8. 嫩脆芹菜　中国农业科学院蔬菜花卉研究所从美国引进。植株生长势强。株高65~75厘米。叶片绿色，较小。叶柄黄绿色，宽大，肥厚，光滑，无棱，实心，基部宽3厘米左右，质地脆嫩，纤维少，微带甜味，品质优。单株重2千克，每亩产6000~7500千克。耐热，耐湿，耐贮藏。适于春、夏、秋季栽培。生育期110~115天。

9. 康乃尔619　从美国引进的黄色类型品种。植株较直立，株高60厘米以上。叶色淡绿，叶柄黄色，较宽厚，纤维少，质地脆嫩。易软化，软化后呈象牙白色。单株重1千克以上，每亩产6000千克以上。抗茎裂病、缺硼症，易感染软腐病。生育期100~110天。

第三节 蕹菜类型与品种

蕹菜别名为空心菜、藤藤菜、竹叶菜、通菜、蓊菜。原产我国及东南亚热带多雨地区，分布于亚洲热带各地区。在我国已有1700多年的栽培利用历史。西南、华南、华东、华中栽培较普遍，近年来，北方一些地区为增加夏、秋蔬菜上市种类，栽培逐渐增多。高寒地区，如黑龙江大兴安岭地区，引种栽培试验也获得成功。

由于蕹菜耐热，耐风雨，适应性强，病虫害少，生长快，可以多次采摘，供应期长，产量高，成本低，已成为夏、秋季节上市的重要绿叶蔬菜之一，在蔬菜周年供应中起着重要作用。而且蕹菜遭水灾被淹后，仍能正常生长，所以它还是抗灾稳产的优良绿叶蔬菜。

蕹菜根据是否结种子分为子蕹和藤蕹两个类型，也有根据其对水分的适应性和栽培方法分为旱蕹和水蕹两个类型。

（一）子蕹

子蕹能开花结籽，用种子繁殖，耐旱力较藤蕹强，一般在旱地栽培，又称旱蕹菜，但也可在水地栽培。因叶片较大，有的地方又称其为大叶蕹菜。根据花的颜色又有白花子蕹和紫花子蕹之分。

白花子蕹花白色，茎秆绿白色，叶长卵形，基部心脏形。茎、叶粗大，产量高，质地柔嫩。适应性强，分布较广，有以下优良

品种。

1. 吉安大叶蕹菜　江西省吉安市传统的优良地方品种。产量高，品质好，采收期长，适应性与抗逆性均强。深受各地菜农欢迎。1991年该品种被农业部列为向全国推广的度淡蔬菜品种。

植株半直立或蔓生。株高40～200厘米，株幅约35厘米，茎叶繁茂。叶片大，心脏形，长13～14.5厘米，宽12～13.5厘米，深绿色，叶面平滑，全缘。茎黄绿色，近圆形，中空有节。茎粗1～1.5厘米。花着生在叶腋中，漏斗状，白色。种子卵形，种皮黑褐色。该品种耐高温高湿，适应性强，在早春低温至盛夏高温期间能较早上市，调剂淡季市场。抗病虫害及抗灾害能力强。对土壤要求不严格。种植成本低，产量高，效益好。生长期较长，从播种至开始采收需要50天左右，可持续收获70天，每亩产量3000～3500千克，高产者可达5000千克以上。当地在春、夏、秋三季栽培。春季于3月下旬至4月初露地直播，间苗2次，5月中旬至7月下旬采收。间出的幼苗可进行移栽，行株距各16厘米，移栽后30天开始采收。利用保护地设施育苗，播期还可提早到2月上旬。夏季于6月直播，7月初至8月中旬一次性采收。秋季于8月直播，9～10月收获。直播时多采用撒播。

吉安大叶蕹菜由于适应性强、产量高、品质好，种子畅销全国各地，曾出口泰国等东南亚地区。但20世纪70年代以来出现品种退化，混杂严重，质量不高等问题。为尽快恢复这一传统地方品种的优良特性，保护国家优良品种资源，相关部门已将其列为1991年全国“菜篮子”工程建设项目之一，在江西省吉安市和吉水县建立了种子良种繁育基地。

2. 赣蕹1号　1977年从吉安蕹菜中选出的变异单株。株型紧凑。茎粗，近圆形。叶大，纤维少，脆嫩。品质好，适应性强。抗暴雨，抗病，耐高温，耐酸雨。春、夏、秋三季均可种植。一次性收获时，每亩产3000千克左右；分次采收时，每亩约产6000千克。比吉安空心菜提早7~10天上市，增产16%以上。

在当地露地栽培时，4月上旬至8月下旬均可播种。一次性收获时，4月份和5~8月份播种的，每亩播种量分别为15~25千克和10~15千克。

3. 青梗子蕹菜　湖南省湘潭市地方品种。植株半直立，株高25~30厘米，株幅约12厘米。茎浅绿色。叶戟形，绿色，叶面平滑，全缘，叶柄浅绿色。花白色。早熟性较好，播种后50天可开始采收。生长期210天。每亩产2500~3000千克。

湘潭地区从3月下旬至8月上旬均可播种。一般早春栽培多在3月下旬至4月中旬直播。秋季栽培在7月上旬至8月上旬直播。也可育苗移栽，行距16厘米，株距14厘米，每穴3~4株。直播时多采用撒播。

4. 大青骨　广州市郊区农家品种。植株生长势强，分枝较少。茎较细，青黄色，节间长。叶片长卵形，深绿色，叶脉明显。花白色。抗逆性强，耐涝，耐风雨，稍耐寒。为早熟品种，适宜水田早熟栽培。茎、叶质地柔软，品质优良，产量高。在南方从播种到开始采收一般为60~70天，每亩产5000~7000千克。

5. 上饶大叶蕹菜　江西上饶地方品种。属旱生白花子蕹，株高48厘米，株幅40~47厘米。茎浅绿色。叶长卵圆形，前端渐尖，基部心脏形，叶面光滑，全缘，绿色。叶柄长14~18厘米。花白色。水、旱均可栽培，适应性强。

5. 紫色子蕹　花淡紫色，茎秆、叶背面、叶脉、叶柄及花萼均带紫色。纤维较多，品质较差，栽培面积较小。广西、湖南、湖北、四川及浙江、陕西等地有栽培。优良品种有以下两个。

(1) 四川小蕹菜（旱蕹菜） 茎蔓较细，节间短，较耐旱，早熟。主要食用幼苗。适于浅水栽培。

(2) 浙江温州空心菜和龙游空心菜 前者适于浅水栽植，后者适于深水栽植。

（二）藤蕹

藤蕹一般不开花结籽，用茎蔓进行无性繁殖。茎、叶质地柔嫩，品质较好。生长期较子蕹长，所以产量比子蕹高。一般利用水田或沼泽地栽培，又称水蕹菜。因叶片较小，有的地方又称之为小叶蕹菜。叶片为短披针形。广东、广西、湖南、四川等地均有栽培。主要有以下品种。

1. 四川水蕹菜 四川水蕹菜又名四川藤蕹。叶片较子蕹小，短披针形。茎秆粗壮、柔嫩，品质好。主要在水田栽培，也可在低湿地栽培。

2. 广西博白小叶尖 博白县地方品种。在玉林、北流、桂平等地栽培。茎青绿色，肉质厚，脆嫩。叶箭形，叶型小，叶端尖，所以又名“小叶尖”。深绿色。品质脆嫩滑润。分枝力强。耐肥，耐热，不耐干旱和低温。可以开花，花白色，但很少结籽，行扦插繁殖。

3. 丝蕹 广州市郊区农家品种，又叫细叶蕹菜。是南方人喜爱的品种。植株矮小，茎细，节密，紫红色。叶片较细，呈短披针形，叶色深绿，叶柄长。耐热，耐风雨，较耐寒。质脆味浓，品质好，但产量较低。在南方每亩约产 2500 千克。以旱地栽培为主，也可在浅水地栽培。

4. 泰国空心菜 从泰国引进，目前岭南普遍栽培，北方也已引进种植。茎绿色，嫩茎中空，分枝多，不定根发达。叶片狭长，披针形，长约12厘米，宽4~5厘米，色淡绿。茎、叶质地柔嫩，味浓，口感润滑，品质好。抗高温、雨涝等自然灾害能力强，夏季高温高湿生长旺盛，但不耐寒。由于生长速度快，生长期长，产量也高，一般每亩产3000千克以上。对短日照的要求严格，开花少，不易结籽。

第四节 苋菜类型与品种

苋菜又名米苋、青香苋、红苋、彩苋。原产东印度。我国长江以南地区栽培比较普遍。近年来，北方一些大、中城市也有引种栽培，是夏、秋蔬菜淡季上市供应的重要绿叶菜之一。

苋菜按食用器官的不同可分为两大类：籽用苋和菜用苋。菜用苋除栽培种，还有野生种。菜用的栽培苋有很多品种，按叶片颜色的不同，可分为绿苋、红苋和彩苋（又称花苋）三个类型。

（一）绿苋

叶和叶柄绿色或黄绿色。耐热性强，质地较硬。适于春季和秋季栽培。主要有以下优良品种。

1. 青米苋　上海市地方品种。生长势强，分枝较多。叶片黄绿色，卵圆形或阔卵圆形，先端钝圆，全缘，叶面略有褶皱，叶肉较厚，质地柔嫩，品质优良，耐热，中熟种。上海地区4月中下旬露

地播种，6月上旬可开始间拔采收，从播种到采收50天左右，可采收3~4次，每亩产1500~2000千克。

2. 柳叶苋　广州市地方品种。叶披针形，长12厘米，宽7厘米，先端锐尖，叶的边缘向上卷曲呈匙形。叶片绿色，叶柄青白色。耐热力强，也有一定的耐寒力。

3. 木耳苋　南京市地方品种。叶片较小，卵圆形，叶色深绿发乌，有褶皱。

（二）红苋

叶片和叶柄紫红色，质地柔嫩。耐热性中等。适于春季栽培。主要有以下优良品种。

1. 田叶红米苋　上海市地方品种。侧枝生长势弱。叶片卵圆形或近圆形，基部楔形，先端凹陷，叶面略有褶皱，紫红色，有光泽。叶片边缘有窄的绿边，叶柄红色带绿。叶肉较厚，质地较柔嫩，品质中等。为早熟种，耐热力中等。上海地区4月中下旬播种，5月下旬可开始间拔采收，从播种到采收40天左右，可采收2~3次。

2. 大红袍　重庆市地方品种。叶片卵圆形，长9~15厘米，宽4~6厘米，叶面略有褶皱，正面红色，背面紫红色，早熟，耐旱力较强。

3. 红苋菜　昆明市地方品种。茎直立，紫红色，分枝多。叶片卵圆形，紫红色。

(三) 彩苋

叶边缘绿色，叶脉附近紫红色。质地较绿苋柔软。早熟，耐寒性较强，适宜在春季栽培。主要有以下优良品种。

1. 花圆叶苋　江西省南昌市地方品种。分枝较多。叶片阔卵圆形，叶面微皱，叶片外围绿色，中部呈紫红色，叶柄红色带绿，叶肉较厚。品质中等。抽薹早，植株易老。耐热力中等，为早熟种，从播种到采收40天左右。江西地区3~6月份均可播种。每亩约产1200千克。

2. 尖叶红米苋　上海市地方品种，又名镶边米苋。叶片长卵形，长12厘米，宽5厘米，先端锐尖，叶面微皱，边缘绿色，叶脉周围紫红色，叶柄红色带绿。较早熟，耐热力中等。

3. 尖叶花苋　广州市地方品种。叶片长卵形，长11厘米，宽4厘米，先端锐尖，叶面较平展，边缘绿色，叶脉周围红色，叶柄红绿色。早熟。耐寒力较强。

4. 鸳鸯红苋菜　湖北省武汉市农家品种，因叶片上部绿下部红而得名。叶片宽卵圆形，叶面微皱，叶柄淡红色。茎绿色带红，侧枝萌发力强，播种较稀时可多次采收嫩侧枝。早熟，从播种到采收40天左右。品质好，茎、叶不易老化。在当地每亩约产2000千克。

第五节 茴香类型与品种

茴香别名怀香。原产地中海沿岸，我国北方栽培较普遍。茴香因含苯甲醚、茴香酮等挥发油而具有特殊的香味，是重要的香辛蔬菜。嫩茎叶可做饺子馅，也可热炒、凉拌或做拼盘装饰；种子（果实）做调料及药用；茎秆可做五香粉。

茴香有小茴香、大茴香和球茎茴香三种类型。

（一）小茴香

植株较矮小，株高20~35厘米，全株有7~9片叶，深绿色。叶柄短，叶间距离小。生长较慢，抽薹晚，香味浓。

（二）大茴香

株高30~45厘米，全株有5~6片叶，深绿色。叶柄较长，叶间距离较大。生长较快，春季栽培抽薹早。

（三）球茎茴香

又称结球茴香、意大利茴香、甜茴香。原产意大利南部。株高50~70厘米，全株有7~9片叶，绿色，叶柄长，叶间距离比小茴香大。茎短缩，茎的上部叶鞘膨大，叶鞘基部抱合、肥大，形成扁球形球茎。球茎着生在短缩茎上，单球重300~500克。抽薹晚，产量高，耐热和耐寒力较强。质地柔嫩，纤维少，香味较淡。生长期75~120天。近年来我国一些城市已从意大利、荷兰、日本等国引进球茎茴香品种试种，并取得良好效果。球茎脆嫩，可炒着吃，球茎上的嫩叶可以做饺子馅。

第六节 茼蒿类型与品种

茼蒿，别名蓬蒿、蒿子秆、春菊。原产中国，已有1000多年的栽培历史，南北各地普遍栽培，食用部分为嫩茎叶，质地柔嫩，有独特的清香味，可热炒、凉拌、做汤，是深受消费者喜爱的一种绿叶蔬菜。

茼蒿有大叶茼蒿、小叶茼蒿、蒿子秆三个类型。

（一）大叶茼蒿

大叶茼蒿又称板叶茼蒿或圆叶茼蒿。叶片宽大，叶缘缺刻少，为不规则粗锯齿状或羽状浅裂。叶肉厚，嫩枝短而粗，纤维少，香味浓，品质佳，产量高。但生长较慢，生长期长，成熟期较晚。较耐热，耐寒力不强。

（二）小叶茼蒿

小叶茼蒿又称细叶茼蒿或花叶茼蒿。叶片狭小，缺刻多而深，叶片薄，叶色较深，嫩枝细，分枝多，香味浓，品质较差，产量较低。但生长快，早熟，耐寒力较强。

（三）蒿子秆

茎较细，主茎发达，直立，为嫩茎用种。叶片狭小，倒卵形至长椭圆形，二回羽状复叶。

第七节 叶菾菜类型与品种

叶菾菜又名根菜、牛皮菜、厚皮菜、光菜、菠萝菜。原产欧洲南部。我国栽培叶菾菜的历史悠久。北方栽培较普遍，特别是在广大农村，叶菾菜是春、秋两季的主要蔬菜之一。同时，由于叶菾菜具有适应性广、耐热力强的优点，在城乡人民夏季的餐桌上占有一席之地，成为夏季供应的绿叶蔬菜中的一员。

叶菾菜的叶部很发达，是主要食用部分，可以炒食、煮食、凉拌或盐渍。由于含有涩味，最好在沸水中烫漂3~5分钟，然后加调味品烹调。

根据叶柄及叶片的特征，叶菾菜可分为以下三个类型。

（一）青梗叶菾菜

叶柄较窄，有长有短，淡绿色。叶片大，长卵形，淡绿色、绿色或深红色，叶缘无缺刻。叶肉厚，叶面光滑稍有褶皱。我国栽培的叶菾菜多属这一种。

（二）四季牛皮菜

重庆市郊区农家品种。叶簇直立，叶片绿色，卵圆形，长36~40厘米，宽20厘米，叶面微皱。叶柄绿白色，极肥厚。抽薹迟，采收期长，产量很高，为晚熟品种。

此外，北京根菾菜、华东绿菾菜、长沙迟菾菜、广州青梗歪尾等，都是当地的优良品种。

（三）白梗叶菾菜

叶柄宽而厚，白色。叶片短而大，有波状褶皱。柔嫩多汁，品质较好。主要有以下优良品种。

1. 白梗莙荙菜　叶簇半直立，株高50~60厘米，株幅60~65厘米。叶广卵形，全缘，淡绿色。叶柄长13~14厘米，宽4~5厘米，厚0.7~1厘米，白色。在我国南北各地广为栽培。

2. 玉白菜　陕西农家品种。株高50厘米，株幅近67厘米。叶型大，先端圆，淡绿色，肥厚，宽23~34厘米。叶柄白色。高产，晚熟，品质好。

3. 剥叶菾菜　浙江杭州市郊农家品种。植株直立，叶片肥大，叶面稍有褶皱，淡绿色，先端圆。叶柄宽而厚，白色。抽薹晚，生长期长，耐热。常进行剥叶采收。在我国江浙一带栽培较普遍。

4. 白秆二平桩　重庆市郊区农家品种。株高71厘米。叶片长

卵圆形，长 61 厘米，宽 32 厘米，深绿色，叶面褶皱。叶柄扁平，白色，长 18 厘米。心叶内卷，相互抱合。

此外，长沙早萘菜、广州白梗黄叶莙萘菜、重庆白帮牛皮菜、南充卷心牛皮菜、云南卷心叶萘菜等，都是当地的优良品种。

(四) 红梗叶萘菜

叶柄和叶腋均为红色。叶柄窄而长，腹沟明显。叶片淡绿色、绿色或紫红色，长卵圆形，叶面皱缩，全缘。耐热，品质好。色彩艳丽，有较高的观赏价值。优良品种有四川红牛皮菜、华东红萘菜等。在北方，红梗叶萘菜的栽培不太普遍。

第八节 芽苗菜类型与品种

芽苗菜指的是豆类、萝卜、苜蓿等的种子在遮光或者不遮光的条件下发芽培育而成的嫩芽苗。芽苗菜根据其利用的营养物质，可以分为籽芽菜和体芽菜两种。籽芽菜主要是利用种子贮藏的养分直接培育成嫩芽或者芽苗，这类芽苗菜有黄豆芽、蚕豆芽、绿豆芽、龙须豌豆苗、娃娃缨萝卜苗、紫苗香椿、绿芽苜蓿、鱼尾赤豆苗等。体芽菜指的是以二年或者多年生的作物的宿根、肉质直根、根茎或枝条中积累的养分培育而成的嫩芽、芽球、幼梢或幼茎。这类芽苗菜包括在黑暗条件下以肉质直根为养分培育的菊苣，以宿根为养分培育成的蒲公英芽、菊花脑、马兰头等，以根茎为养分培育而成的芦笋、姜芽等以及以植株、枝条为养分培育而成的树芽香椿、枸杞头、花椒芽、豌豆尖、辣椒尖等。根据芽苗蔬菜产品的销售方式来区分，有离体芽苗菜和活体芽苗菜两种。离体芽苗菜是指在商品成熟时，切割其“尖”“脑”“梢”等离体的产品进行销售的体芽菜或者籽芽菜。活体芽苗菜指的是成熟的商品在整体或者成活状态下进行销售的芽苗菜。

离体芽苗菜经过采后处理技术，精致包装后进入超市或者商店，而活体芽苗菜因其鲜活的特点，直接进入饭店、酒店、批发市场等。

第三章 无公害蔬菜的育苗与采种

第一节 无公害蔬菜的育苗技术

一、育苗种类及形式

(一) 蔬菜育苗的种类

1. 土壤育苗　土壤育苗是一种传统的育苗形式，也是目前生产上普遍应用的育苗方式。设备条件可以因陋就简，育苗材料特别是土壤、粪肥农家自有，可以做到就地取材，因而成本较低，管理比较粗放，可以利用空闲时间进行苗床管理，所以应用比较普遍。

2. 无土育苗　无土育苗是一种设备比较完善，环境条件较为优越，管理十分科学的育苗方式。一次性投资较大，目前一般蔬菜专业户难以实现。

3. 嫁接育苗　为了防止连作病害和提高作物的抗逆性，采用嫁接育苗技术，可收到事半功倍的效果。

另外，依据育苗的设施和加温情况，又可将育苗分为加温育苗和不加温育苗。

（二）蔬菜育苗形式

1. 温室育苗　温室指加温温室和不加温的日光温室，由于空间大，白天接收太阳热能多，热容量大，晚间保温设施好，因此温室是北方在寒冷季节培育喜温蔬菜苗的最好场所。在日光照射充足的地区，利用不加温日光温室，内套塑料小拱棚覆盖，在1~2月份可育喜温的茄果类和瓜类菜苗。有条件的地区也可以在温室内苗床铺设电加温线，根据幼苗所需温度灵活控制，对喜温蔬菜来说是方便安全的一种育苗形式。

但温室在3月份以后室内温度偏高，后墙光照较弱，容易造成徒长苗。故温室育苗应注意以下几点。

①作为育苗的温室不宜太大，一般以跨度6米、长度20米左右的小温室为宜。

②育苗温室要与生产温室分开，这样便于加温、保温、通风管理。

③要有周密的计划。不要将喜温蔬菜和耐寒蔬菜的苗子放到一个温室内，如果条件有限，可将喜温蔬菜放在温室中部靠后墙处，将耐寒蔬菜苗放在门口和前沿部分。同时要注意将苗龄长的菜苗和苗龄短的菜苗分开播于不同地段。

④育苗前一定要准备好育苗必需的设备，特别是保温、防寒设备。

⑤温室育苗是一个非常细致的工作，要特别精心管理，前期以保温防寒为主，后期以通风、降温、炼苗为主。

⑥充分利用温室空间，可在温室内设置育苗架，发挥温室空间热能，可以使温室利用率提高。

⑦温室育苗要与配套的分苗设施相结合，温室育苗一般安排在

最寒冷的季节培育果菜类苗，多以培育分苗以前的幼苗为主。到分苗阶段，可分到大棚或中棚中进行炼苗。因此温室育苗除建造温室，还要有一定面积的大、中棚，使其配套。

2. 酿热温床育苗　床内用酿热物在育苗初期加温，床面用塑料薄膜或玻璃覆盖，夜间用草苫保温，用这样的小环境培养喜温菜苗的方式叫酿热温床育苗。

(1) 温床大小　一般宽1.5米，长10米，后墙高出床面45厘米，前沿高15厘米，床内深度南深45厘米，北深35厘米，距北墙40厘米处深10厘米，床面由南向北呈抛物线形。在酿热材料上面填10厘米厚园土，园土上面填10厘米厚培养土。

覆盖材料：透明覆盖材料用玻璃或塑料薄膜。

保温覆盖材料：稻草苫、蒲草苫，夜间盖在透明覆盖材料上。

温床应建在北边有墙或建筑物的地方，或者在温床北设立屏障，起防风保温作用。

(2) 酿热材料　新鲜马粪、牛粪、棉籽皮、麦草、稻草等，酿热温床的加热原理是给床内的酿热物以适宜的环境条件，使微生物在分解酿热物过程中放出能量，提高床温。一般以新鲜马粪或棉籽皮做酿热材料，在温度、湿度、通气、碳氮比等条件适宜的情况下，7天左右温度可达70℃左右，然后温度迅速下降到50℃左右，此后温度缓慢下降，并维持较长时间，其发热量的高低和持续时间的长短依酿热物的种类而异。

当酿热物降至40℃左右时，在酿热材料上填入10厘米的园土，

园土上再填10厘米厚育苗用的培养土。过厚床温太低，过薄则播种出苗后幼苗根生长过快，伸入酿热材料中，由于温度过高反而会伤根。另外，培养土太薄吸水量少，土壤湿度维持时间短，同时培养土中多余水分渗入酿热物中以后会降低温度。培养上填好后即可灌水播种，灌水量以培养土充分吸水为度，不可过多过少，以每33.3平方厘米8千克左右为宜。

3. 电热温床　电热温床是把带包皮的电热线均匀铺在培养土下，通电后土壤先升温。由于土壤温度升高，土壤中的热量以辐射形式向空气中释放，从而提高空气温度。这种加温方式的特点是：第一，耗电量较少；第二，地温高于气温，有利于作物生育对温度的要求，特别是播种至出苗期最利于出苗；第三，床温分布均匀；第四，电加温线与控温仪配套使用，可以进行床温自动控制。这种温床完全克服了地上式用电炉丝加热不安全、耗电量大、加热不均匀的缺点，特别是先提高地温后再提高气温，并可根据幼苗对温度的需要进行自动控制，做到节约用电。

(1) 使用方法　电加温线的使用方法如下。

①首先测量苗床面积，然后计算布线密度。一般床长6~7米，床宽1.5米左右，电加温线采用800~1000瓦，若布线密度每平方米80~100瓦，间距10厘米左右，则可按以下公式计算：

布线根数=（线长-床宽）÷床长

布线间距=床宽÷（布线根数-2）

②为了保持床内温度平衡，根据苗床具体形式，再确立布线形式。在阳畦中布线，应南密北稀；在温室中布线，可均匀布置，但也得注意南北分床，南床应布密，北床应布稀，使整个温室作物生育整齐。

③将电加温线埋入土中，然后通电加温。

④为了便于升温，通电后应在苗床上覆盖保温材料。

⑤电加温线与控温仪配套使用，既可以节约用电，又不会使温度超过作物许可范围，达到自动控制温度的效果。

（2）注意问题　以下是使用电加温线应注意的问题。

①严禁成圈加温线在空气中通电使用。

②加温线不得剪断使用。

③布线不得交叉、重叠、扎结。

④土壤加温时，应把整根线（包括接头）全部均匀地埋在土中。

⑤每根加温线的使用电压是220伏，不可两根串联，不许用△接法接入380伏三相电源。

⑥从土中取出加温线时，禁止砍拔或用锄铲挖掘，以免损坏绝缘。

⑦如发现绝缘损坏，可将损坏部分剪去，套上聚氯乙烯套管（3毫米内径），将芯线对齐用锡焊接后，用套管套住焊接部分，套管两端用（Hm-2）热熔胶或胶水（用环三酮加废的聚氯乙烯调成）封口，以此修复使用，但每根线修复的接头不宜过多。

⑧旧加温线每年应作一次绝缘检查。可将线浸在水中，引出线端接电工用的兆欧表一端，表的另一端插入水中，摇动兆欧表。绝缘电阻应大于1兆欧。

⑨加温线不用时要妥善保管，放置阴凉处，防鼠、虫咬坏绝缘层。

⑩一定要加双层覆盖才能节约用电。

4. 冷床育苗　冷床也叫阳畦，是东西延长，北高南低向阳的畦子，因它不采取任何加温措施，所以叫冷床。冷床结构简单，成本低，使用效果好。管理得当可在陕西地区冬季育番茄、甘蓝、菜花苗，在春季育瓜类苗。

（1）冷床的结构　畦框：畦框是冷床的外框，起防风、保温、支撑覆盖物的作用。畦框有土畦、砖畦两种，土框一般为活动畦框，每年打框；砖框为固定畦框。地址应选择背风向阳、地势高燥、水源方便、排水良好的地块。畦的南框地下挖15~20厘米，北框地下挖15~20厘米，地上加高30厘米，总高度为50厘米。北框下宽50厘米，上宽30厘米，畦长7米左右，畦宽1.5米。为便于排水，于南框外地面上15厘米处挖一道排水沟。覆盖材料：同温床覆盖材料。

（2）性能　阳畦在白天透过透明覆盖材料使阳光到达畦面而提高畦内温度；到了夜间，畦内土壤中白天贮藏的热量以长波形式慢慢向外释放。由于有透明覆盖材料和保温材料的覆盖，阻止了热量向外散失，使热量聚集在畦内，从而提高了畦内温度，冬春季节，有阳光照射时升温效果明显，一般气温比露地提高13.5~15.5℃，地温比露地可提高20℃左右。

二、无土育苗

无土育苗是企业化育苗的必然措施，采用无土育苗，可以实现育苗机械化，减轻劳动强度，并提高育苗的成活率和整齐度。无土育苗涉及基质选择、营养液浇灌方法和种子丸粒化技术等。

（一）基质选择

不用天然土壤，而用蛭石、草炭、珍珠岩、岩棉、矿棉等人工或天然基质进行育苗，称为无土育苗。此外，利用锯末、稻壳、炉渣等作基质也可进行无土育苗，但必须配比合适。珍珠岩含有氧化钠较多，影响幼苗生长。用2份草炭和1份蛭石混合作基质较好。

岩棉和矿棉也可作育苗基质，矿棉是以高炉炉渣为原料，经过熔融制成纤维状，通过各种处理，形成一种不容易分解的稳定的物质，容重为120千克/米^3。纤维直径小于7微米。虽然矿棉和岩棉的原料不同，但都有较好的保水力和通气性，是作物育苗和进行扦插的好材料。

使用矿棉和岩棉育苗，大多采用在蛭石基质中播种，等幼苗出芽、子叶展开后，再移栽到岩棉块上，移栽时先在岩棉块上扎一个小洞，将幼苗根插进去，然后浇上营养液即可。用这种方法培育黄瓜苗，比用土壤育苗生长速度快，苗质好，干物质增加，定植成活率高。

另外还有一种育苗方法，就是将混有一种化学膨胀剂的草炭干制压成直径3~4厘米、厚1~2厘米的小块，将种子播在小块上的小孔中，加水后小块能迅速膨大，变成体积比原来大1~2倍的营养块。

（二）无土育苗的灌溉方法

无土育苗的灌溉方法是与施肥相结合的，机械化育苗面积较大时，采用双臂流动式喷水车，一般每个喷水管道的臂长为5米，两臂之和为10米，安排在育苗温室中间，用轨道移动喷灌车，可以自动来回喷水和喷营养液。

作物不同，对营养液中含有的化学元素的要求也不同。试验证明，茄果类最佳育苗配方为：氮400~420毫克/千克，磷150~170毫克/千克，钾130~150毫克/千克；叶菜类育苗的最佳配方为：前

期氮230~260毫克/千克，磷90~100毫克/千克，钾200~270毫克/千克；后期氮500~600毫克/千克，磷130~140毫克/千克，钾600~670毫克/千克。使用复合肥，当幼苗子叶长大后以0.1%浓度氮、磷、钾各为15%的复合肥进行喷灌，到1片真叶以后改为0.2%~0.3%浓度喷肥，幼苗生长良好。育苗期的灌溉还要根据季节不同有变化，夏季气温较高，每天喷水2~3次，每次隔1天喷一次肥。冬季气温低，2~3天喷一次，可采用一次喷水一次喷肥，效果较好。

（三）机械化育苗的主要设施

机械化育苗的主要设施是丸粒化种子和精量播种两条生产线。播种后要放入催芽室，到出苗前，将播种盘放到温室或大棚内，维持适当温度、湿度和光照条件，出苗就会均匀一致。

精量播种生产线是由一套机器连续操作，它主要完成从基质消毒、混拌、装盘、压孔、播种、覆盖蛭石、镇压到喷水等一系列作业。整个生产线主要由光电系统自动控制操作，当育苗盘在传送带上行走时，光电管受到感应，控制各项操作系统进行。与这种机器配套的育苗盘有三种规格型号：一种为72穴即4厘米×4厘米×5.5厘米；另一种为128穴即3厘米×3厘米×4.5厘米，第三种为200穴即2.3厘米×2.3厘米×4.5厘米，最近从日本引进的还有406穴超小型穴盘，以上各种穴盘的尺寸均为28厘米×54厘米。精量播种机可根据不同型号的育苗盘和不同粒径种子，选用相应的播种机，进行精量播种，每穴1粒。这一生产线只需4~6人操作，每小时可播700~1400盘。

与精量播种机配套的机器有丸粒化种子加工机械。所谓种子丸粒化，就是给直径1~10毫米的种子上包一层种衣，制成大小一致的丸粒化种子。种子丸粒化加工设备包括空气压缩机、水加热器、粉胶搅拌器、粉胶过滤器、丸粒加工旋转锅、种子分级机、种子烘干机等。种子分级机配有14种不同规格孔径和分级筛，可根据不同种子的粒径，选择适当的型号，进行种子分级筛选，将筛后的种子放入种子丸粒旋转锅内，经过喷水、喷气、喷胶以及不停顿地均匀撒入硅藻土，制成丸径大小整齐的丸化种子，还必须在分级机上进行2~3次精选，以获得标准粒径的种子。

(四) 蔬菜种子丸粒化技术

种子丸粒化是种子加工上的一项专门技术，它是利用有利于种子萌发的药剂及对种子无副作用的辅助填料，经过充分混拌后，均匀地包裹在种子表面，使种子外表呈圆球形，其粒径增大，重量增加，便于精量播种，节省人力，节约种子，同时又为种子萌发生长创造有利条件，是一项有效的新技术。

经过长期努力，人们进行丸粒化种子加工的关键在于选择适宜的黏合剂和包衣材料。20世纪50年代以来，许多国家都在研究，包衣的主成分大致如下：

(1) 填料　蔬菜种子包衣的填料大多选用硅藻土，除此之外，还有蛭石粉、滑石粉、膨胀土、炉渣灰等，填料粒径一般是400~180微米。

(2) 矿质营养元素　种子包衣中，常加入一定量的磷矿粉、碳酸钙、钙镁磷肥以及硼、锌、钼、铜等微量元素。

(3) 生长调节剂　在包衣中加入一定量的生理活性物质，可以改善种子的萌发和成长速度，提高作物的田间生产潜力。例如，在夏季播种的莴笋、芹菜等蔬菜作物，种子在高土温条件下，很容易进入热休眠。

把细胞分裂素或乙烯利等生长调节剂物质混拌在包衣料中，具有解除热休眠的作用，对改善出苗有显著效果。

(4) 化学药剂　将杀菌剂、杀虫剂、除草剂等农药加入种子包衣中，一旦丸粒种子播入土壤后，遇水膨胀，各种农药成分存留在根际周围的土壤中，能有效地控制各种病虫害和抑制杂草，这种施药方法对人畜安全，用药经济。

(5) 微生物菌种　主要的微生物菌种是根瘤菌。我国在牧草种子的丸粒化过程中，接种根瘤菌已获成功，增产效果显著。

(6) 吸水材料　这种材料能将土壤中的水分，甚至大气中的水分，吸收到种子周围，使种子获得足够的水分，保证种子顺利萌发，这对于干旱地区具有特别重要的意义，加入吸水材料，能提高种子的抗旱力和出苗率。活性炭和淀粉连接的多聚物，都是较为理想的吸水材料。

(7) 黏结剂　制造丸粒化种子所选用的黏结剂种类很多，常用的有阿拉伯胶、树胶、乳胶、聚酯酸乙烯酯、乙烯吡烷酮、羧甲基纤维素、甲基纤维素、醋酸乙烯共聚物以及糖类等，无论哪种黏结剂，都必须具有水溶性好、对种子萌发无副作用、制成的丸粒种子遇水后包衣能迅速破裂等性能。

制作丸粒化种子除小批量采用手工作业，大批量生产靠机械完成。目前国外常见的种子丸粒化加工采用以下两种方法。

(1) 载锅转动法　这种方法是将种子放进一个呈圆柱形的载锅中，当载锅旋转时，种子沿载锅内壁作定点滚动。种子在翻滚过程中，把包衣料也加入载锅中去，与此同时黏结剂通过高压喷枪均匀地喷撒在种子表面上，于是粉末被粘在种子表面，逐渐形成表面光滑的丸粒小球，通常每个丸粒中只包一粒种子，一旦丸粒小球中裹进两粒或两粒以上的种子时，则球体直径明显增大，在通过分级时会被筛选出去。

(2) 气流通成粒法　是通过气流通作用，使种子在造丸筒中处于漂流通状态，包衣料和黏结剂随着气流喷入造丸筒中，粉粒被吸附在漂浮着的种子表面，种子在气流通作用下不停地运动，相互撞击和摩擦，把吸附在种子表面上的粉粒体不断挤压实，在种子表面形成包衣。

第一种方法设备简单，容易操作。而第二种方法生产效率高，但设备较为复杂，应用难度较大。

丸粒种子的包衣要有一定的强度，在运输、贮藏、播种过程中不易破损，否则就失去了丸粒化的意义。刚制成的丸粒种子外包衣是潮湿的，需要进行烘干。因此种子丸粒化加工的配套设备中均有种子烘干机。在40℃条件下，大约烘烤1小时，即可将丸粒种子的种衣烘干。如果烘干温度低，种衣干燥速度慢，容易造成破裂。

(五) 育苗的环境条件

要培育出壮苗，除了上述各种条件，其他环境条件如光照、温度、水分管理等也很重要。由于作物种类和育苗地区不同，环境控制的重点也不一样。

(1) 光照管理　光照是影响光合作用的重要因素，光照强度也影响幼苗叶温，冬春季光照弱，苗距不可太小，必要时要增加补充光照。

(2) 温度管理　育苗期一般适温较高，随着苗的生长逐渐下降，同时夜间温度管理最好比白天温度低5~10℃，这叫做“夜冷育苗”。

一般要注意的是，育苗时地温比气温低5~7℃，夜间温度比白天温度低5~10℃，定植时地温设定后，在育苗期间地温要比定植时逐渐降低，定植后2~3天内，地温要比原来管理的地温升高2~3℃。

(3) 水分管理　浇水主要根据每天上午9~10时的天气来决定，

根系未充分发育的苗子，不要浇水太多，以免降低根系温度。冬季育苗，前期温度是主要限制的因素；育苗后期，以及夏季育苗，水分则是主要限制因素。机械化育苗主张适当满足幼苗对水分的需要，定植前的锻炼主要是控制水分，加强光照，降低温度，使幼苗的质量变好，但在温室栽培时，不要求进行锻炼。

要定植在大田的苗，定植前 7 天开始锻炼，主要是减少浇水，地温要比定植时低些，锻炼之后的苗，叶内水分低，叶色浓，新根停止发生。因此这种苗定植后在大田里要经过长时间的缓苗才能发根，解决的办法是在定植前 12 天，地温稍升高，充分灌水，这是提早缓苗不可缺少的管理。

此外，苗期长短也和幼苗素质和根系的活力有关，苗龄短的植株，一般发根性强，吸肥力旺盛，对低温、干燥等定植后的不良环境的适应性强，小苗的根系分布深广，施肥量可以减少。

另一方面是苗龄长易形成老化苗，发根能力低，适合于定植在环境较好的地方。

总之，果菜育苗期营养生长和生殖生长同时进行。育苗期间要掌握温度控制和灌水之间的平衡，在低温灌水量少的条件下，有利于向生殖生长转化。

三、嫁接育苗

嫁接是防治蔬菜土传病害的有效措施，国外已应用了多年，我国近几年在瓜类作物上已广泛采用，收到了良好的效果。近几年保护地的番茄、茄子也进行嫁接，对防治萎蔫病和青枯病效果显著。

（一）砧木的选择

选用抗寒性、抗枯萎病力强，根系发达的品种，如黑籽南瓜、壮士、勇士、新土佐南瓜、葫芦等作为瓜类的砧木。选用红茄、野茄等作为茄子的砧木。

（二）砧木和接穗的培育

先将砧木种子催芽播种到苗钵或苗盘内，放于温室内25~30℃处培养。瓜类的接穗在砧木出苗后再播种到苗盘内。接穗子叶展平真叶顶心时开始嫁接。

（三）嫁接方法

（1）切接　先用刀片挑去砧木的生长点，从两片子叶中间向下斜切一刀，深1.2厘米；再拔起接穗苗从子叶至下轴2~3厘米处，向下偏向胚轴一边斜切一刀呈单斜面，切口长0.8~1厘米，切面要光滑，然后将接穗切面与砧木切口的一面对齐，使形成层贴紧（不可将接穗苗直接插入砧木的空茎中），再用嫁接夹固定。

（2）舌接　在砧木和接穗的胚轴上各切一个方向相反的切口，砧木向下切，接穗向上切。切口深度，砧木切入胚轴的1/2，接穗切入1/3。切入过深容易折断，过浅难易成活。切口角度为40°左右，使砧木与接穗密接，用嫁接夹固定，同时移栽于育苗钵内，置于塑料棚内保温保湿培育。1周左右可以将伤口愈合，10天后断去接穗的下胚轴，暂不去掉固定夹子，待定植后再取去。

（3）插接　先切除砧木的心叶只留子叶两片，用细竹签在切掉砧木的正中央，斜下插一小孔，然后把接穗削成相应长度的楔形，插入小孔即可。方法简单，成活率高，管理方便。

(三) 嫁接后的管理

嫁接苗床面积要充足，每公顷地所需移栽嫁接苗的苗床为 750 平方米，床内苗距 10 厘米×10 厘米。栽植后及时扣小棚，增温保湿。光线太强时，可用草苫或遮阳网遮光，但不可断绝光照。在嫁接后 3 天内为促进伤口愈合，温度控制在 25~28℃，夜间保持在 20~17℃。以后 6~7 天白天控制在 23~25℃，直到黄瓜胚轴切断为止。相对湿度维持在 90%以上。只要白天天气晴朗，24~30 小时便能形成愈伤组织。一般嫁接后 10 天可成活，嫁接后第 10 天可试断黄瓜胚根，若不萎蔫，说明已完成嫁接成活期，即可将黄瓜胚根全部断去。黄瓜胚根断后大约经过 10 天，育苗期约 35 天，苗高 10~15 厘米，具有 3~4 片真叶时即可定植。

第二节 蔬菜标准化生产的采种技术

一、青菜的采种方法

青菜的采种方法有三种：成株采种、半成株采种及小株采种。

(一) 成株采种

成株采种又称大株采种、老根采种，是在秋季播种育苗，苗龄约 1 个月时定植。冬前选采种株，翌年春夏之交采收种子。

北方地区于 8~9 月份播种育苗，9~10 月份按 20 厘米见方的距离定植，11~12月份选择生长健壮、符合本品种特征特性、无病害的优良植株作种株，按行距60厘米、株距40厘米的距离移栽到采种田。地冻前在根周围培土或盖草防寒。露地越冬有困难的地区，可将种株移栽到阳畦或日光温室中。

翌年春暖后，除去覆盖物，进行中耕、锄草、浇水、施追肥、防治蚜虫等管理工作，并拔除过早抽薹的植株。花薹抽出后浇水，中耕蹲苗，防止因花薹生长柔嫩而倒伏。始花期结束蹲苗，随浇水施用氮磷钾复合肥，每亩约20千克。开花盛期不可缺水，待主花茎和侧花茎上的花大部分已凋谢，结成角果后，适当减少浇水，以免种株不断发生细弱的侧花茎（“贪青”），延缓种子成熟，使不充实的种子增多，降低种子质量。大部分角果开始变黄时停止浇水，促进种子成熟。完全变黄的角果易开裂，种子落在地上，造成减产。所以，要提前在清晨露水未干时将种株从地面割下，堆放在晒场上后熟7~10天，然后脱粒，清选，晾晒。后熟期间注意防雨淋。每亩采种量约100千克。成株采种的种子质量较高，可用作秋冬青菜栽培及小株采种用的播种材料。

（二）半成株采种

一般较成株采种晚20天左右播种育苗，幼苗长出5~6片真叶时连根挖起，囤在风障北侧的沟中，盖上土，土上盖柴草保护越冬，也可囤在阳畦中。翌年早春定植到风障南面，或搭建塑料拱棚防春寒，春暖后撤除。种株田间管理同成株采种。

半成株采种的成本较低，种子产量较高，但因植株未充分成长就抽薹开花，对种株不能进行严格的选择，种子质量不如成株采种。但可以与成株采种相结合，即用成株采种所得种子作半成株采种的播种材料，半成株采种所得种子可供生产“鸡毛菜”用。

(三) 小株采种

又称直播采种。是在早春播种，当年采收种子。一般不专设采种田，而是结合春菜栽培，在田间去杂去劣，选优株采种。早春播种时，在种子萌动及幼苗期经受短期低温，通过春化后，在温度逐渐升高，日照逐渐加长的环境中，苗子生长很少几片叶便抽薹开花结籽。由于营养基础差，种子产量低，质量差，而且其后代易发生早期抽薹，所以不宜连年采用小株采种。但它可以作为青菜品种提纯复壮的一种手段，即利用春播易抽薹的特性，淘汰抽薹早的植株，选留抽薹晚的植株作种株，所得种子再用成株采种法繁殖种子。

二、芹菜的采种方法

芹菜采种有成株采种和小株采种两种方法。

(一) 成株采种

又叫老根采种，是以充分成长的植株作种株采种。

北方地区多结合秋芹菜栽培进行成株采种。秋芹菜收获前在田间进行株选，选择具有本品种典型性状、生长健壮、无病虫害的植株作种株。当最低气温下降到 4℃左右时连根挖起，摘除枯叶、黄叶，切去上部叶片，只留 17~20 厘米长的叶柄，假植在阳畦中。按穴距 10~15 厘米栽植，每穴 3~4 株。栽后浇水。根据外温变化情况，在阳畦上加盖草帘防寒。翌年早春，当平均气温稳定在 5℃以上时，定植到采种圃。行距约 50 厘米，株距约 30 厘米。为预防倒春寒，在种株基部培土，上部覆盖无纺布，保温防冻。如果土壤墒情好，定植后暂时不浇水，促进种株发根。心叶变绿恢复生长后，轻浇1次水，中耕保墒。

种株抽出花薹后，要适当控制浇水，以防徒长枝的发生。开始开花时浇水，随水施氮磷钾复合肥，每亩50~60千克。盛花期不可缺水，叶面喷施0.2%磷酸二氢钾水溶液1~2次，促进籽实饱满。大部分花已凋谢时适当控制浇水，防止种株“贪青”，发生许多侧花茎，使养分分散，延迟种子成熟，降低种子质量。由于复伞形花序上小花的花期不一致，所以种子的成熟期也不一致。小面积采种时，可分期将种子已成熟的花茎剪下。大面积采种时，当花茎下层花序上的种子变为黄褐色时，于清晨露水未干时将种株割下，摊放在通风干燥处后熟5~7天，晾晒，脱粒。每亩产种子100千克左右。

成株采种可按照原品种的特性特征进行严格选择，种子纯度较高，而且种子饱满，产量较高。通过连年的人工选择，还可以不断提高品种的优良种性。缺点是采种成本较高，一般多在繁殖原种时采用。

(二) 小株采种

系指以幼龄植株作种株采种。北方地区一般于8月份播种。可以直播，也可以育苗移栽。

直播时，做1.5米宽的平畦，按行距20厘米左右条播。出苗后间苗2~3次，按株距15厘米定苗。立冬前后在株行间覆盖土粪或覆草加以保护。在冬季不太严寒，可以露地越冬的地区，可以直播。但在露地不能越冬的地区必须采取育苗移栽。

育苗移栽时，于霜降前后将小株定植在阳畦或风障阳畦中，行株距各为10厘米左右。栽完后浇水，缓苗后，适当控水蹲苗。立冬前后盖薄膜，以后随外界温度下降，加盖草帘。白天畦内温度保持15~20℃，夜间不低于4℃。根据天气变化，揭盖草帘和薄膜，进行

通风透光。

翌年早春，当平均气温稳定在10℃左右时定植到采种圃，行距40厘米，株距20厘米。定植后的管理同成株采种。

小株采种不能根据原品种的特性特征进行严格的选择，如果连年采用，易引起种性退化，在繁殖原种时不宜采用。其优点是占地时间短，生产成本较低，在用原种繁殖生产用种时可以采用。

三、蕹菜的采种方法

子蕹和藤蕹的留种方法有很大差异，现分述如下。

（一）子蕹采种法

有就地采种、移栽采种及扦插采种三种方式。

（1）就地采种　春季露地直播的蕹菜，采收1~2次后，选择生长健壮、符合本品种特征特性的植株作种株，不再采收嫩茎和嫩叶。

（2）移栽采种　选择较为瘠薄的旱地作留种地，因为在肥沃菜地上生长的植株，营养生长（茎叶生长）旺盛，开花结籽期推迟，后期温度降低，种子发育不充实。一般用采摘过几次嫩梢的植株，移栽到留种地。每畦栽2行，行距66厘米，株距33厘米，1穴栽2株，栽后浇水。缓苗后搭“人”字架，使藤蔓顺架向上攀缘，以利于通风透光，增加种子产量。南方阴雨天多，必须搭架，否则种子产量很低。采种田一般不施追肥，防止营养生长过旺，促使植株及早转入生殖生长，争取在低温来临以前种子已充分成熟。种子外壳呈黑褐色时便可采收。由于种子成熟期不一致，应分批采收，以提高种子质量。一般每亩可收种子100千克左右。

（3）扦插采种　6月间在春播的大田中选健壮母株，摘取上面生长健壮、长 30 厘米左右的侧蔓，扦插到采种圃中。行距 66 厘米，株距 33 厘米，每穴插 2 条。每亩可收种子 80~85 千克。用这种方法采得的种子较肥大充实。

蕹菜种子的种皮颜色对种子活力有显著影响，种子千粒重、发芽率和田间出苗率都随着种皮颜色的加深而提高，所以种皮颜色的深浅是衡量蕹菜种子质量的重要外部形态标志之一。另据研究，蕹菜种子的含水量与种子寿命有很大关系。收获后的种子经日晒后，在常温下贮藏，种子含水量以 12%左右为好，种子寿命可达 2~3 年；含水量高于 13%的，种子寿命只有 1 年；含水量为 11%左右的种子，虽然对延长种子寿命有利，但由于出现较多的硬粒种子，影响出苗整齐度。

（二）藤蕹采种法

藤蕹的繁殖靠种藤越冬后发芽长成的侧蔓扦插。因此藤蕹的采种技术包括种藤培育及贮藏越冬两个重要环节。

（1）种藤培育　种藤质量好坏关系到能否安全越冬及所产生的插条的健壮程度。应重点掌握以下技术要点。

①土壤选择。选择向阳、疏松、保水、保肥的沙质壤土培育种藤，不但有利于藤蕹地上部和根系的生长，而且便于通过“吊藤”“埋藤”措施使种藤坚实，纤维化程度高，水量少，便于贮藏越冬。如果在肥沃的黏土上培育种藤，则质地柔嫩，窖藏期间易引起腐烂。

②合理施肥。控制氮肥，适当施用磷、钾肥作基肥，有利于培育出组织坚实的种藤。

③配合“吊藤”“埋藤”措施。其目的是使种藤组织老化。

种藤培育的具体方法不同地区间虽然不完全相同，但以上三点是共同的。下面重点介绍四川和江西的种藤培育技术。

四川一般在5月底至6月上旬选择长约20厘米、直径约0.5厘米、不带须根的健壮茎梢作种藤，扦插在土质疏松的旱田里。行距50厘米，株距15厘米，每穴扦插种藤2株。插条成活后控制水肥，使蔓缓慢生长，组织变充实。蔓长达60厘米后，随蔓的伸长分3次将蔓提起，防止节上生根，农民称“吊藤”。形成粗壮的、长80~90厘米的茎蔓后，为了使种藤更加健壮，增进耐贮力，应进行假植，农民称“埋藤”。

埋藤的方法是：8月上旬选择向阳、瘠薄的山坡地或沙地，做成畦面宽1.5米，沟宽20~30厘米，高20~25厘米的高畦，按25厘米距离与畦的走向垂直开沟，沟长1.2米，沟深7~10厘米，沟宽15厘米。将经过“吊藤”后的种藤连根拔起，将藤蔓的尖梢对齐，每一沟中排放4~5株，然后覆土将沟埋平。藤蔓的梢部露出沟外5~7厘米。埋藤应在雨后或浇透底水后进行。埋藤至成活前，如土壤干燥应浇水1~2次，保证种藤成活。埋藤成活后，不再浇水和施肥。经埋藤后，种藤组织进一步老化，色泽黄亮，组织硬实，不易掐断，须根多，水分含量低，这样的种藤可以安全越冬。相反，未经埋藤的种藤组织柔嫩，在贮藏期间容易腐烂。

江西一般在6月中下旬选择肥力较差的沙壤土，锄松，整平，做成宽2米的畦。6月下旬至7月初从大田中选择直径为0.5厘米的健壮茎蔓作种藤。将上部50厘米剪下，每2根茎蔓为一对，2对为一组，2对茎蔓的梢尖方向相反。按40厘米组距在畦中横向开沟，沟深3厘米，沟底平。然后将一组种藤（4根）平放在沟的中部，每根种藤间相距约1厘米，覆土将沟埋平，使种藤的顶梢部7~10厘米外露，各节的叶片也露出土面，最后浇水保湿。种藤成活后，继续伸长，当伸长约50厘米时，再顺着藤的走向挖3厘米深的沟，将藤埋在沟内，同样要露出藤尖和绿叶。当藤蔓将伸长到畦边时，离畦边5厘米将藤梢折回埋植，以后随藤的伸长继续埋植，直到霜降前15天连同藤梢一齐埋入土中。

（2）*种藤贮藏* 种藤贮藏以地窖贮藏较普遍，也有采用地下室或防空洞贮藏的。以下主要介绍窖藏的技术措施。

①窖址的选择及地窖的建造。选避风向阳、地势高、地下水位低、排水好的地方。土质最好是冲积土或沙壤土，湿度大时水分易下渗，冬季气候干燥时易回潮，可保持窖内适宜湿度。

窖的底部可以是圆形，也可以是长方形。圆形窖底的直径一般为1.2~1.5米，窖顶口径0.5米，深1.3米，可以贮藏100~150千克种藤。长方形窖底一般长2米，宽1.5米，高1.5米，窖口0.5米见方，可以贮藏150~200千克种藤。

贮藏窖最好不要连年使用，以免种藤感染病虫害。如用旧的地窖，在使用前应铲掉窖壁2~3厘米厚的表土，并用甲醛熏蒸2~3天，敞开窖口通风5~7天后再用。新挖的地窖在使用前最好用50%托布津500倍溶液喷洒窖的四壁及地面。

②入窖。霜降前后为入窖适期，选择晴天将种藤挖出，剔除有病、虫及受损伤的种藤，选择粗壮、黄褐色、纤维化程度高（不易掐断）的种藤，剪去藤尖绿色部分及种藤上的嫩藤，喷25%多菌灵500倍液或50%托布津500倍液，晾晒2~3天，待种藤略有萎蔫时捆成小把准备入窖。

冬季窖内湿度大的地区（如重庆）在窖底放木条，木条上铺干稻草，窖的四壁也摆干稻草以吸湿保温，或在窖底铺一层谷壳。摆一层种藤盖一层谷壳或干稻草，每层种藤厚15厘米左右，摆至窖口10厘米处用稻草盖至窖口。种藤量大时需搭架摆放。

有的地区（如江西）是用事先经过日晒2~3天后晾凉的干净细河沙铺在窖底，厚3~4厘米，上面放一层种藤盖一层河沙，厚2~3

厘米，直至排满为止。窖颈口用稻草覆盖种藤。

地窖的中央留出直径为30~40厘米的空间，以便操作和通风换气。

③入窖后的管理。初入窖时因窖内温度尚高，同时种藤刚入窖时，代谢作用仍旺盛，会释放出大量的热和水分，不宜立即将窖口封严，否则会造成种藤大量腐烂，应在窖内温度降至12℃时封口。封口的方法是：用一块竹篾笆或木板盖在窖口，上面用土或沙堆成高约50厘米的堆，堆的四周挖排水沟，堆上盖塑料薄膜防雨，要经常检查，严防水渗入窖内种藤堆中。封口后一般密闭至开春。

种藤贮藏期间的温度应保持在10~15℃，利用种藤呼吸作用释放的热，可以维持窖内适宜的温度。温度低于10℃，种藤易受冻。窖内空气湿度以70%~75%为宜。过湿（高于80%）种藤易腐烂；过干（低于60%）种藤易枯萎。入窖后如发现窖内湿度过大，可在窖口挂谷草吸湿。

用防空洞或地下室贮藏时，地面铺河沙，摆种藤一层，厚10~15厘米，其上盖一层河沙，厚约3厘米。如此一层种藤一层河沙，堆的体积以1厘米×1厘米×0.5厘米为宜，堆的中心插温度计，堆外用塑料薄膜盖严。每天观察温度，高于15℃时，揭膜降温；低于12℃时，关闭防空洞或地下室，使温度上升。

四、苋菜的采种方法

苋菜有两种采种方法：直播采种和移栽采种。

（一）直播采种

直播采种母株的培育方法和大田栽培相同。春播和夏播的苋菜都可以留种。春播留种在4月份播种，5月份挑收杂株、劣株及过密处苗子上市，使种株间的株行距保持25~30厘米。6月份抽薹，7月份开花，8月份种子成熟。夏播的于7月上旬播种，10月份种子成熟。种子变成黑色时收割种株，晒干脱粒。

(二) 移栽采种

植株长到约15厘米高时，在田间选择优良母株，移栽到采种圃中，株行距30厘米见方。移栽成活后，进行一般田间管理。

五、茴香的采种方法

茴香采种方法有老根采种和当年直播采种两种。

(一) 老根采种

播种当年不采种，收割3~4次后留作种株，种株在原地露地越冬或将根挖出，窖藏或埋藏越冬，翌春定植到露地，再收割3~4次，第三年用老根母株采种。

老根采种一般结合春露地栽培进行。3~4月份撒播种子于平畦中。幼苗长出2~3片真叶时间苗，苗距5~7厘米。5月间第一次收割，1个月以后第二次收割。收割3次后，注意养根，减少浇水，控制叶片生长，促进根部生长。

露地可以越冬的地区，立冬前浇冻水；立冬后，在种株上覆土及蒿草防寒。也可以将种株栽在垄沟两旁，上面覆盖蒿草，保护越冬，年年采种。

露地越冬有困难的地区，霜降前将根挖出，稍晾后贮藏。

选地势高的地块挖窖，窖的深度根据当地冬季不同深度的土温决定。例如，陕西省中部地区1~2月份80厘米深处的平均土温为

5℃左右，正是贮藏茴香种根的适宜温度，窖深80厘米左右比较合适。窖宽一般为1~1.2米。将种根扎成捆，整齐摆放在窖内，厚约30厘米，盖一层薄土，以后随气温下降，逐渐加厚覆土，覆土厚度以种根不受冻为原则。

翌春当平均气温稳定在5℃左右时，挖出种根准备定植。采种圃结合整地每亩施腐熟圈肥3000千克。按行距50厘米，株距40厘米定植。一年生种根，每穴栽3株，二至五年生老根，每穴栽1株。栽后浇水，缓苗后再浇水。在种株分枝时期多中耕，少浇水，以防止徒长倒伏。花期不可缺水，结合浇水每亩施尿素10千克。开花盛期喷施0.2%~0.3%磷酸二氢钾，促进种子发育。

一般于立秋开始采收种子。不同部位花序上的种子成熟期不一致，应分期采收。一般四至五年生的老根开花早，种子产量高。一年生种株，每亩产种子50千克左右；二年生种株，每亩产种子100千克左右；三年生老根，每亩产种子150千克左右。

采收完种子至立冬以前，仍要加强种株的管理。根据土壤墒情及时浇水，并抓紧中耕除草，使种根积累养分，为明年的采种打基础。经过精心养护后，在根颈处逐渐形成瘤状突起，表明根茬中已积累较多的养分，则可将根挖出贮藏。

老根采种法生产的种子产量高，籽粒饱满。采收种子以后，还可以将老根贮藏起来再采种，这是茴香采种的主要方法。

（二）当年直播采种

比老根采种提早15天左右播种，当年8月份采收种子。

3月份在阳畦中播种育苗。当幼苗长出4~5片真叶时定植到露地。按行距50厘米、株距40厘米挖穴，每穴栽10株。定植后的管理与老根采种相同，8月份采收种子。

当年直播采种法由于种株长势弱，花茎纤细，易倒伏，生产的种子产量低，籽粒不饱满，每亩生产种子30~50千克。所以，如果不是迫切需要当年得到种子，最好不要采用这种采种方法。

六、茼蒿的采种方法

茼蒿有三种采种方法，即春露地直播采种、育苗移栽采种和埋头采种。

（一）春露地直播采种

3月上中旬将种子撒播在平畦中，播后浇水。每亩播种3~3.5千克。幼苗长出2片真叶时间苗，苗距8~9厘米。在这种密度下，单位面积的主枝花序总数比较多，种子质量较高，如果稀植，侧枝增多，而主花枝花序总数相对减少，种子质量不如前者。

茼蒿种株的开花结果期正值夏季高温多雨期，很容易倒伏，严重影响种子产量和质量，所以苗期应蹲苗，使花枝粗壮，防止后期

种株倒伏。苗期多中耕少浇水。6月上旬，当主花枝上的花序即将开花时，结合浇水每亩施尿素10千克，以后仍要适当控制浇水。进入5月份，随气温升高，增加浇水次数。当主花枝上的花已凋谢，开始结果后，叶面喷施0.2%~0.3%磷酸二氢钾1~2次。7月中旬采收种子。种子成熟前减少浇水。

种株主花枝和侧花枝上花序的开花期和种子成熟期不一致，为保证种子产量和质量，最好分两次采收。第一次主要收主花序和第一次侧花枝上花序的种子；第二次采收第二次侧花枝上花序的种子。第二次采收后，将种株割下晾晒。晾晒至叶片萎蔫时便可脱粒。每亩可产种子100千克左右。

春露地直播采种，出苗晚，种株生长期短，花枝较细弱，花期和种子成熟期较晚，所以种子产量和质量不如以下两种采种方法。

（二）育苗移栽采种

较春露地直播采种提早1个月左右播种于阳畦或日光温室中。清明前后定植于露地。按行距40厘米做东西向小高垄，垄高13~15厘米。将茼蒿种株按穴距30厘米栽在垄沟的北侧，每穴栽4~5株。这样栽植的好处是：垄北侧阳光充足，土温较高，缓苗快；可以随着种株的生长，分次培土，防止倒伏；开花、结果期较春露地直播采种提早半个月左右，种子产量和质量也比较高。

（三）埋头采种

立冬前后露地直播，一般当年不萌发，即使有些种子萌发。也会被冻死，所以每亩播种量要增加到 4 千克左右，以防止翌年缺苗。

采用这种方法采种，翌年春季出苗早，3 月中下旬至 4 月上旬苗可以出齐，种株生长较健壮，茎秆较粗，种子产量较高，比春露地直播采种每亩可增产种子 15~20 千克。

七、叶蒸菜的采种方法

9 月播种的叶菾菜，翌年春季选留生长健壮，具有本品种特征特性的植株作种株，留在原地采种，其余植株陆续间拔上市，使种株间的距离保持 30 厘米左右。也可将选留的种株移栽到采种圃中。前期少浇水，抽薹后适当控制浇水，开花后适当增加灌水，盛花期需要的水分最多，谢花后每亩追施氮磷钾复合肥 30 千克，并增加灌水。种子成熟期要适当降低土壤湿度，促进种子成熟。为防止种株倒伏，应设支柱。

种株露地越冬有困难的地区，多于初冬选择优良单株，挖出后埋藏或放在菜窖中越冬，翌年早春定植到露地。

7 月份种子成熟。每亩可生产种子 100~150 千克。种子（小球果）千粒重 13~20 克，使用年限 3~4 年。

第四章
无公害蔬菜生产的栽培

第一节　栽培季节的确定与茬口安排

一、栽培季节的确定

蔬菜的栽培季节是指蔬菜从田间直播或幼苗定植开始，到产品收获完毕所经历的时间。

1. 露地蔬菜栽培季节的确定　露地蔬菜生产是以高产优质为主要目的，因此确定栽培季节的原则就是将蔬菜的整个生长期安排在它们能适应的温度季节里，而将产品器官的生长期安排在温度最适宜的月份里，以保证产品的优质、高产。

2. 设施蔬菜栽培季节的确定　设施蔬菜生产是露地蔬菜生产的补充，生产成本高，栽培难度大。因此，以高效益为主要目的来安排栽培季节，具体原则是：将所种植蔬菜的整个生长期安排在其能适应的温度季节里，而将产品器官形成期安排在该种蔬菜的露地生产淡季或产品供应淡季里。

二、蔬菜茬口安排

蔬菜茬口分为季节茬口和土地利用茬口两种。季节茬口是根据蔬菜的栽培季节安排的蔬菜生产茬次。土地茬口是指在同一块地上，一年或连续几年内连续安排蔬菜生产的茬次。生产上所说的茬口，一般指季节茬口，一年几种几收即指土地茬口，如一年两种两收等。季节茬口和土地利用茬口相结合，即成为蔬菜的复种结构。

蔬菜的茬口安排，要有利于提高土地利用率，有利于提高栽培效益和蔬菜的周年均衡供应。

1. 露地蔬菜主要茬口

(1) 越冬茬　一般于秋季露地播种，或秋季育苗，冬前定植，来年早春收获。主要栽培一些耐寒或半耐寒性蔬菜，如北方的菠菜、芹菜、小葱、韭菜，华中地区的菜薹、乌塌菜、春白菜、莴笋、甘蓝、蚕豆、豌豆、青蒜等。

(2) 春茬　一般于春季播种，或冬季育苗，春季定植，春末或初夏收获。主要是一些耐寒性较强、生长期短的绿叶菜，如小白菜、小萝卜、茼蒿、菠菜、芹菜等，以及半耐寒的春白菜、春甘蓝、春花椰菜等。

(3) 夏茬　一般于春末至夏初播种或定植，主要栽培一些喜温性蔬菜，如茄果类、瓜类、豆类蔬菜，是各地主要的季节茬口，一般在6~7月份大量上市，形成旺季。

(4) 秋茬　一般于夏末初秋播种或定植，中秋后开始收获，秋末冬初收获完毕。主要是一些不耐热的蔬菜，如大白菜、甘蓝类、根菜类及绿叶菜和一部分用于填补淡季的果菜类蔬菜，如菜豆、黄瓜、茄子、辣椒、冬瓜等。

2. 设施蔬菜主要茬口

(1) 冬春茬　一般于中秋播种或定植。入冬后开始收获，来年春末结束生产。此茬为温室蔬菜的主要栽培茬口，主要栽培一些结果期比较长、产量高的果菜类和一些叶菜类，如韭菜、芹菜等。冬春蔬菜的主要供应期为1~4月份。

(2) 春茬　一般于冬末早春播种或定植，4月份前后开始收获，盛夏结束生产。春茬是温室、塑料拱棚及阳畦等设施的主要茬口，主要栽培一些效益较高的果菜类和部分绿叶蔬菜。

(3) 夏秋茬　一般春末夏初播种或定植，7~8月份收获上市，冬前结束生产。此茬是温室和塑料大棚的主要茬口，并利用温室和大棚进行遮阳栽培。主要栽培一些夏季露地栽培难度大的果菜类和高档的叶菜类。

(4) 秋茬　一般于7~8月份播种或定植，8~9月份开始收获，供应到11~12月份。此茬为日光温室和塑料大棚的主要茬口。主要栽培果菜类蔬菜。

(5) 秋冬茬　一般于8月份前后播种或育苗，9月份定植，10月份开始收获，来年的2月份前后拉秧。此茬为温室蔬菜的重要茬口之一，是解决北方地区“国庆”至“春节”期间蔬菜供应的主要茬口，主要栽培果菜类蔬菜。

(6) 越冬茬　一般于晚秋播种或定植，冬季进行简单保护，来年春季提早恢复生长，并于早春供应。此茬为风障畦的主要茬口，主要栽培一些根菜类、茎菜类以及叶菜类，如韭菜、芹菜、莴苣等，是温室、塑料大棚生产蔬菜的补充。

第二节 蔬菜生长发育的条件

（一）青菜生长发育条件

1. 温度和日照　青菜种子发芽适温为20~25℃，发芽最低温为4~8℃，最高温为40℃。植株生长适温为18~20℃，在平均最低气温为-5~-4℃的地区能安全越冬，有的品种能耐-10~-8℃的低温。耐热能力一般较弱，在25℃以上的高温和干燥条件下，生长缓慢，长势弱，易感染病毒，但现在已育成一些耐热力较强，可以在夏季高温季节栽培的青菜品种。

青菜在种子萌动和植株生长期，在0~15℃的温度下经过10~40天完成春化，苗端分化花芽，叶数不再增加，在长日照和较高温度下抽薹开花。不同品种的花芽分化、抽薹开花对温度和日照长度的要求程度有差异。

2. 土壤、肥料和水分　青菜对土壤种类的要求不严格，但由于青菜是以叶部为食用部分，生长期短，生长迅速，要在短期内生产出高产、优质的产品，除了适宜的温度和日照条件，还需要充足的土壤湿度和较高的土壤肥力，所以最好选择富含有机质、保水保肥力强的沙质土壤和壤土。

青菜对水分和养分的需要量随植株生长的加快而增多。水分、养分不足时，生长缓慢，组织老化，纤维增多，品质下降。氮肥对产量和品质的影响也很大，施用尿素或硝酸铵效果较好。

(二) 芹菜生长发育条件

1. 温度和日照　芹菜属耐寒性蔬菜，在冷凉湿润的环境条件下生长良好。种子发芽最低温度为4℃，发芽适温为15~20℃，25℃以上发芽力迅速降低，30℃以上很难发芽。种子在见光条件下比在黑暗中容易发芽。

叶部生长适温为15~20℃，10℃以下生长缓慢，20℃以上，特别是高温干旱时，生长不良，产量和品质均降低。幼苗可耐-5~-4℃低温，成株可耐短时间-10~-7℃低温。叶部生长的适宜光照强度为10000~40000勒克斯。光照太强，叶部横向扩展，使立心期推迟，收获期随之推迟，而且在高温和强光下，芹菜叶柄易老化，纤维增多，品质下降。所以芹菜适当密植和在保护地栽培时，光照强度有所减弱，有利于心叶的肥大，从而提高产量和品质。

花芽分化是由营养生长转向生殖生长的形态标志。芹菜属绿体春化型蔬菜，又是低温长日照蔬菜。苗龄在30天以上，幼苗茎部直径达0.5厘米以上，在10℃以下低温中，经过20天便可完成春化，苗龄越大，对低温的感应力越强，完成春化需要的时间越短。完成春化后的植株，在长日照条件下便可以抽薹开花。所以春季播种过早时，植株长不大就抽薹（未熟抽薹），而秋季栽培的芹菜必须经过一个冬季，到翌年才抽薹开花。

2. 土壤和营养　芹菜的根系浅，吸收范围小，对土壤物理性的要求比较严格，特别是土壤的透水性和通气性。所以芹菜的高产田应选择表土层较厚、有机质丰富、保水保肥力强的壤土或黏质壤土。在沙质壤土上生长不良，还容易出现叶柄空心现象。适宜的土壤pH

值为6.0~7.6，耐碱性较强。

芹菜是喜肥的高产蔬菜，全生育期必须充足供应氮、磷、钾、钙、镁、硼等元素，其中氮肥的作用最重要。缺氮时，植株矮小，产量降低，叶柄易老化，空心，但氮肥过多时易倒伏。缺磷时，幼苗瘦弱，叶柄不易伸长，但磷肥过多时，叶柄的纤维增多，品质下降。缺钾时，抑制叶柄的加粗生长，充足的钾肥可使叶柄粗而且有光泽，使植株内部叶片生长旺盛。缺钙时，嫩叶的叶缘变褐，叶子萎蔫，严重时生长点周围的幼嫩组织会变黑枯死（心腐病）。缺镁时，叶片沿叶脉间褪色（黄化），黄化从下部叶片开始，逐渐向上部叶片扩展。缺硼时，外部叶片的叶柄产生裂口并变成褐色，心叶发育时如缺硼，心叶的内侧组织变成褐色并且发生龟裂。

3. 水分　芹菜属于需水量较多的蔬菜。由于根系浅，吸水力弱，加上栽植密度大，蒸腾面积大，所以要求较高的土壤湿度和空气湿度。适宜的土壤相对含水量为70%~80%，空气相对湿度为60%~70%。土壤水分充足时，种子发芽快，发芽率高，叶数多，叶面积大，生长旺盛，特别是在心叶肥大期，地表布满白色须根，更需要经常保持土壤湿润，否则心叶生长缓慢，叶柄不能充分肥大，而且纤维增多，品质下降。

（三）蕹菜生长发育条件

1. 温度　蕹菜喜温怕寒。种子萌发最适宜温度为20~35℃。茎、叶生长适温为25~30℃，15℃以下生长缓慢，10℃以下停止生长。不耐霜冻，遇霜冻茎叶枯死。可耐35~40℃的高温，炎夏季节生长仍很旺盛。在无霜期长、温度高的地区，春、夏、秋均可种植，特别是在高温多雨的夏季，生长迅速，是夏季上市的重要绿叶菜之一。

2. 湿度　蕹菜喜较高的空气湿度和湿润的土壤。遇干旱时藤蔓生长缓慢，纤维较多，品质及产量下降。水蕹需要在水田中生长并保持一定的水深。

3. 日照　蕹菜为短日照作物，要在短日照条件下才能开花。但不同的类型及品种对短日照条件要求的严格程度有差异。旱蕹（子蕹）对日照长短的要求一般不太严格。在南方，当日照缩短后，于8~9月份开始开花结籽；在北方日照过长的地区，要到9月中下旬后甚至更晚才开花结籽，但种子不易成熟，留种困难。但有些品种甚至在长江流域或华南地区都不能开花，或开花后不结实，所以只能用无性繁殖。水蕹对短日照的要求比较严格，在长江流域也往往不能开花结籽，或开少量花而不结籽，因此，一般采用无性繁殖。

4. 土壤和肥料　蕹菜忌连作，对土壤条件的要求虽然不很严格，但在腐殖质丰富、保水保肥力强的土壤上生长良好。

由于蕹菜的生长期长，多次采收嫩叶、嫩梢，生长又迅速，植株体内营养消耗多而快，所以需肥量大，要想获得丰产，必须不断供给充足的肥料。除施足基肥，在生长期间应多次追肥。

蕹菜对氮、磷、钾的吸收量以钾最多，氮次之，磷最少。各元素的吸收量都随植株的生长而增多。生长期在20天以前，氮、磷、钾的吸收比例为3∶1∶5；生长到40天时（采收时），氮、磷、钾的吸收比例为4∶1∶8。所以，蕹菜施用追肥时，不仅要施速效性氮肥（尿素、硫酸铵等），而且要配合施用磷、钾肥。

（四）苋菜生长发育条件

1. 温度　苋菜喜温暖，耐热力强，不耐寒。种子发芽适温为25~35℃，10℃以下很难发芽。生长适温为23~27℃，20℃以下生长缓慢。在白天温度为30℃，夜间温度为25℃的条件下，营养生长

(茎及叶的生长)最旺盛。

2. 光照　苋菜为短日照蔬菜，在高温短日照条件下，容易抽薹开花。在温度适宜，日照较长的春、夏季栽培时，由于抽薹晚，茎、叶能充分生长，因而产量高，品质柔嫩。不同品种对短日照要求的严格程度有差异。

3. 土壤、肥料和水分　苋菜不择土壤，但在保水保肥力强的微碱性土壤上生长良好。具有一定的耐旱能力，不耐涝，在排水不良的田块生长较差。对氮肥的吸收量较大，生长期间不断满足其需要，可使植株生长迅速，茎叶柔嫩，产量高。

(五) 茴香生长发育条件

茴香喜冷凉气候，适应性较强，有一定的耐寒和耐热能力。种子发芽适温为16~23℃，生长适温15~20℃，温度超过24℃，生长不良，纤维增多。可耐短期-2℃低温。在冬季平均最低气温不低于-6℃左右的地区，可以做多年生栽培。对光照强度的要求不严格。在高温和长日照条件下抽薹开花。对土壤的适应性较强，但在保水保肥力强的壤土上生长良好。由于根系分布较浅，对土壤湿度的要求较高。空气相对湿度以60%~70%比较适宜。

(六) 茼蒿生长发育条件

茼蒿性喜冷凉，不耐严寒和高温，属半耐寒性蔬菜。种子发芽最低温为10℃，最适温为15~20℃。生长适温20℃左右，12℃以下生长缓慢，29℃以上生长不良，纤维多，品质差。可耐0℃左右的低温。在高温、长日照条件下抽薹开花。

茼蒿对光照强度的要求不严格。由于根系分布浅，在保水保肥力强、土质比较疏松的壤土或沙质壤土上生长良好。土壤氢离子浓度以316.3~156.5摩尔/升（pH5.5~6.8）为宜。在氮、磷、钾肥料三要素中，茼蒿对氮的需要量最大。

(七) 叶菾菜生长发育条件

1. 温度　叶菾菜对温度的适应性广，既耐寒又耐热。种子在4~5℃低温下可缓慢发芽，温度升高，发芽加快，发芽适宜温度为22~25℃。出苗以后，叶部生长期的适宜日平均温度为14~19℃，在此温度范围内，单株鲜重增加最快。日平均温度下降到2℃仍可缓慢生长，-1℃左右停止生长；日平均温度上升到8℃以上时，生长又开始加快；日平均温度达26℃，最高温达35℃时仍可继续生长。所以，叶菾菜一年四季都可以栽培。

2. 湿度　叶菾菜的叶面积大，生长期间需要充足的水分，但当耕土层浅，灌水量过大时，根系易缺氧窒息，叶部变黄，生长受抑制。

3. 日照　叶菾菜是低温、长日照蔬菜，在低温下通过春化，在日照加长、温度升高的条件下，分化花芽，抽薹开花。春播叶菾菜，因具备低温、长日照条件，播种后60~70天就可分化花芽，进而抽薹开花。秋播叶菾菜虽然也具备低温条件，但播种后日照越来越短，当年一般不分化花芽，要到翌年春季日照加长后才分化花芽。但是南方的叶菾菜品种（如广东青梗）可以在较高的温度和较短的日照条件下分化花芽，例如，广东青梗叶菾菜在陕西关中地区9月上旬播种时，当年11月中旬就达到花芽分化期，但因花芽分化后温度已低，当年

不能抽薹开花。

4. 土壤和肥料　叶菾菜对土壤没有严格的要求，而且具有较强的耐肥、耐瘠薄及耐碱能力，但要达到高产、优质，应选择通透性好、保水保肥力强的黏质壤土。土壤的酸碱度以氢离子浓度100摩尔/升（pH7）左右较为适宜。

（八）菊花脑生长发育条件

菊花脑性耐寒又耐热，冬季地上部枯死后，根系及地下匍匐茎仍然存活。越冬后，翌年早春萌发新株。成株有一定的耐热能力，夏季仍可正常生长。

菊花脑对土壤的适应性较强，耐干旱，耐瘠薄土地。田边、地头零星土地都可以种植，但成片栽培时应选择富含有机质、排水良好的肥沃地块，以提高产量和品质。

第三节　北方蔬菜的无公害栽培

一、青菜

青菜在不同栽培季节，选用适宜品种，采用不同栽培方式，基本上可做到全年生产。

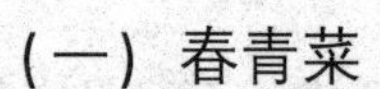

(一) 春青菜

春青菜是指3~5月份收获的青菜。如果是以菜秧（鸡毛菜）上市，可在早春播种，当年采收；如果是以大棵菜上市，则在先一年秋季播种育苗，初冬定植，翌年春季采收。

北方地区早春温度有很大差异，生产菜秧时，根据不同省份早春天气状况，于2月上旬至4月上旬在露地直播，早春温度低的地区为了提早上市，也可提早在塑料拱棚中播种。

（1）品种选择　前面提过青菜在种子萌动期和植株生长期遇0~15℃的低温，10~40天完成春化，在长日照和较高温度下抽薹开花。所以早春播种的青菜，抽薹开花是必然现象。但是，如果在植株未达到采收标准时就抽薹开花（称“早期抽薹”或“未熟抽薹”），则大大降低商品价值。因此作为春青菜品种，不但要求有一定的抗寒力，而且要求在比较低的温度下经过较长时间才完成春化，分化花芽（冬性强）。所以应选择抽薹晚的品种，如上海四月慢、上海五月慢、南京四月白、无锡四月白等。

（2）选地　整地早春播种时，选择避风、向阳、平坦的地块，前作物收获后及时冬耕，耙耱保墒。冬季严寒，有积雪的地区，可在冬耕后不耙耱（称“立茬过冬”或“冻垡”），使土壤充分风化，结构变疏松。早春土壤解冻后及时整地做畦。一般采用平畦，要求土壤松软，土粒细碎，畦面平坦，以保证浇水后土壤水分均匀，出苗期一致，菜苗生长整齐。每亩施腐熟圈肥3000千克作基肥。

秋播生产大棵菜时，先在苗床育苗，然后定植到大田。每10平方米苗床施腐熟圈肥50千克和硫酸钾200克左右。

(3) 播种　北方春季播种的青菜，播种期比较严格，播期不当，秧苗长不大就抽薹。要使秧苗达到上市规格，产量产值的综合效益最大，必须结合本地区的经验，确定适宜的播期。

早春播种时，由于温度低，出苗慢，而收获期又受抽薹的限制，所以生长期较短。为了促进出苗，提早采收，增加产量，保证质量，可采取浸种催芽“落水播种”的方法。用纱布将种子包好，放在30℃左右温水中浸泡3~4小时，取出种子包放在温度为20~25℃的地方催芽。种子刚“露白”（胚根刚伸出种皮）就可播种。如果因下雨不能播种时，可将种子包放在冷凉处（4~5℃），抑制胚根伸长。

“落水播种”的方法是，播种前先在畦内浇水．待水渗完后均匀撒播种子，然后覆土，厚约1厘米。播种前浇的水称“底水”，必须浇足，确保幼苗出现1~2片真叶前不需要再浇水。如果底水不足，出苗不久又需要浇水，不但使地温降低，而且小苗上沾满泥浆，易形成弱苗或死苗。掌握覆土的厚度也很重要。覆土太薄，保墒保温效果不佳，影响出苗，而且出苗后主根上部露出土面，浇水时易倒伏，影响秧苗生长；覆土太厚，出苗延迟，秧苗生长细弱。

春青菜的播种量，应根据播种期的早晚有所增减。早春播种的，每亩播种子0.75千克；随播期的推迟，温度逐渐升高，出苗率较高，播种量可适当减少。切忌播种量过大，又不间苗，致使秧苗密集在一起，形成早抽薹的徒长苗，降低产量和品质。

秋播翌年春季采收的春青菜，一般采用育苗移栽的方法。由于秧苗定植到大田后要经过一段越冬期，掌握适宜的播期，对菜苗的安全越冬和防止早期抽薹至关重要。北方地区秋播期为8~9月，具体播期根据不同地区秋、冬季节的温度情况确定，温度较高地区的播期应比温度较低地区晚。适期秋播，越冬时幼苗有6~7片真叶，可以安全越冬，播种太早，越冬时苗大；播种太晚，越冬时苗小，都会降低抗寒力，造成大量死苗。苗床采取落水播种，10平方米苗床面积播种子10克左右。出苗后间苗1~2次，留苗距离4~5厘米，土壤湿度不可过大，避免苗子徒长，抗寒力降低。

幼苗长出7~8片真叶，于10~11月定植。一般采用平畦，定植距离20~25厘米。冬季严寒地区可定植在风障前或塑料拱棚中，保护越冬。

(4) 田间管理　当春播的青菜幼苗出现1~2片真叶后，选晴天浇水，水量要小，流速要慢，以免冲倒幼苗，造成缺苗。幼苗有3~4片真叶时，随浇水施用尿素，每亩施10千克左右。为了生产出清洁卫生的青菜，最好不要用人粪尿作追肥。播种后40~50天便可上市。

秋播的青菜定植后浇水1~2次，以利于发根缓苗。当苗子长出新叶后，中耕保墒。露地定植的，在土壤开始冻结时浇“冻水”，必要时可用每平方米重15~20克的无纺布或SZW-8型遮阳网进行浮面覆盖，以保温防寒。翌年春季温度开始稳定上升时浇返青水。返青水不要浇得太早，以免降低地温，影响苗子生长。以后随植株生长的加速，增加浇水，并随浇水施用速效性氮肥1~2次。3~4月份采收。

（二）夏青菜

夏青菜是指5~7月份播种，6~8月份收获的青菜。北方称“伏小菜”，南方称“菜秧”“鸡毛菜”。一般以幼嫩菜苗上市。可每隔7~10天播一批，播种后25天左右上市。也可以育苗移栽，以大棵青菜上市。

（1）品种选择　夏青菜的整个生长期虽然只有30多天，但处在一年中的高温季节，而且不时有暴风雨袭击，所以选择抗逆性强，特别是耐热性强、生长迅速的品种，是夏青菜栽培成功的关键。目前可供选择的品种有南京矮杂1号、2号、3号及绿星青菜、热抗青、华王青菜、正大抗热青等。另外，结球白菜（大白菜）中的早熟、耐热力强的品种，如北京小青口、北京小白口、天津白麻叶、郑州早黑叶等，也可以在夏季作为菜秧栽培。

（2）栽培方式及方法　为了减轻夏季烈日高温给青菜出苗和菜苗生长造成的不利影响，可采取覆盖遮阳网或防虫网和实行间作套种两种栽培方式。

①遮阳网或防虫网覆盖栽培。夏青菜采用遮阳网或防虫网覆盖栽培，应掌握以下几个重要环节。

第一，科学选网。5~7月份播种的夏青菜，由于播期不同，菜苗生长期间的光照强度和温度有差异，所以应根据不同栽培时期当地的自然光照强度和温度，选择适宜的覆盖材料及遮光率适宜的规格。遮阳网和防虫网都具有降低光照强度、防暴雨、抗强风、防虫、防病毒病发生的作用，但防虫网的降温效果不如遮阳网。防虫网的防虫作用在于人为设置屏障，阻止害虫侵入，必须全生长期密闭，因此棚内空气流通不畅，加上遮光率较遮阳网低，所以温度较高，湿度较大，可根据当地具体情况加以选择。如果病虫害是影响夏青菜生产的主要问题，可选择防虫网；如果强光和高温是影响夏青菜生产的主要问题，可选择遮阳网。气温在30℃以下时宜用防虫网，气温在30℃以上时宜用遮阳网。

目前，生产上使用较多的遮阳网的规格是SZW-12和SZW-14型。SZW-12型的黑色遮阳网，遮光率为35%~55%，银灰色遮阳网为35%~45%。SZW-14型黑色遮阳网，遮光率为45%~65%，银灰色遮阳网为40%~55%。

防虫网的遮光率与网眼的稀密（目数）有关。网眼密（目数多），防虫效果虽较好，但通风较差，棚内温度较露地高。白色防虫网比银灰色或黑色防虫网增温更多，对青菜生长不利。网眼稀（目数少），起不到防虫作用。根据有关试验研究，认为选用22目或25目银灰色防虫网比较好，其遮光率为25%左右。

北方地区盛夏季节晴天的光照强度往往超过10万勒克斯，而青菜生长的适宜光照强度为2万~3万勒克斯。为了增强遮光降温效果，也可以选用遮光率较高的黑色遮阳网或防虫网，所生产的青菜含水量增高，纤维素含量降低，外观品质较鲜嫩，但维生素C和蛋白质含量有所降低，硝酸盐含量增高，应在青菜采收前4~5天揭掉。

第二，选用适宜的覆盖方式。夏青菜的全生长期只有30~40天，而且是分期播种，所以，可充分利用当地各种保护地设施的空闲时期进行遮阳网或防虫网覆盖栽培。

我国北方多利用塑料大棚、中棚或小棚的骨架作支撑物，上盖遮阳网或防虫网栽培夏青菜。盖遮阳网时，距地面要有一定的距离，以利于通风。为了节约使用遮阳网，还可利用大、中棚骨架，在棚内距地面0.8~1.0米处将遮阳网悬挂在畦面上。如果覆盖防虫网，最好利用大棚，因为小棚覆盖防虫网后，增温增湿的效果较大棚明显，在高温、高湿环境中，易发生烂籽、烂苗、徒长等问题，生产

出的青菜叶色淡，植株纤细。为了增强防虫网的防虫效果，覆盖防虫网后要将四周压严，棚架间用压膜线压紧，留好进出的门。如果采用中、小棚覆盖防虫网，则实行全生长期全封闭覆盖，直至采收。

夏季雨水多的地区，应在大棚顶部盖塑料薄膜，外加遮阳网或防虫网，可减少雨水传病的机会，防病效果较好。

第三，播前进行土壤消毒。为了减轻农药污染，覆盖遮阳网或防虫网的拱棚，一般不再喷药或很少喷药。但土壤中还会潜伏有杂草种子、病菌和害虫，播前最好进行土壤消毒。在盖网以前每亩施用3%米乐尔颗粒剂（杀虫剂）1.5~2.0千克，或喷50%多菌灵乳油剂（杀菌剂）800~1000倍液，或48%氟乐灵乳油剂（除草剂），每亩用100~150毫升加水稀释后喷洒土面，随即耙入土中。

第四，适当稀播。在遮阳网或防虫网的覆盖下，温度和湿度比较适宜，种子发芽率、出苗率和成苗率都比较高，而且菜苗生长快，个体生长旺盛，如果沿用露地的播种量，会使菜苗过早出现郁闭状态，不但生长细弱，而且有利于病害蔓延。一般应较同期露地播种的用种量减少20%左右。

第五，加强田间灌水及排水设施。高温和暴雨造成死苗是夏青菜高产稳产的主要威胁。在防止高温危害的同时，必须防止暴雨的侵袭。采用平畦栽培时，一般畦长不超过5米，畦宽不超过1.2米，畦面要平坦；采用高畦栽培时，畦长不超过8米，畦面呈弧形，宽不超过1.5米，畦高20厘米左右。这样便于及时灌水和排水，既可贯彻夏青菜需要勤浇、轻浇的技术要求，又可减轻因暴雨造成土壤积水，菜秧根系腐烂乃至全株死亡的损失。

第六，正确运用施肥、灌水技术。夏青菜的施肥和灌水技术，不但要满足菜秧生长对养分和水分的需要，而且要有利于改善菜秧生长的环境，特别是有利于温度的降低。

施肥以基肥为主，最好施用腐熟的凉性肥料——猪粪，每亩2000千克左右或用有机生物菌肥中的叶菜类专用肥，每亩施100~120千克。根据菜秧生长情况，可以随浇水施1次尿素，每亩施10千克左右，或将尿素加水配成0.2%~0.5%的水溶液，喷在叶面上，进行根外追肥，也可以不追肥。切忌施用未充分腐熟的人畜粪尿，以免地温升高，病虫害蔓延。

夏青菜浇水的原则是勤浇、轻浇，经常保持土壤湿润状态。灌水技术要围绕一个“凉”字，即灌溉用水要凉，用井水浇，不用渠水浇；浇水要在清晨或傍晚天凉、地凉时进行；阵雨骤晴后，要及时轻浇井水，降低地温。有条件的可在棚内每隔2米铺1条喷灌管道，安装微喷头，可利用喷水降低棚内及叶面温度。

第七，灵活掌握遮阳网揭、盖技术。覆盖遮阳网的主要目的是为了防止光照过强和温度过高对青菜生长造成的不利影响，所以应当根据天气变化情况，灵活进行揭、盖。其原则是：晴天盖阴天揭，白天盖晚上揭，前期盖后期揭，切忌一盖到底。最高气温在30℃以下时，不宜覆盖遮阳网。

防虫网原则上实行全生长期全封闭覆盖，以发挥防虫功效，可节省揭、盖花费的劳力，降低生产成本。

②间作套种。利用生长期较长的果菜类蔬菜的枝、叶，为青菜出苗和菜秧生长创造比较阴凉湿润的环境。在生产实践中，行之有效的方式有以下几种。

第一，茄子间作夏青菜。选用早熟茄子品种如北京六叶茄、杭

州红茄、北京线茄、成都竹丝茄、成都三月青等。茄子于1月中下旬至2月上旬在阳畦、电热线加温温床或日光温室中播种育苗，4月下旬至5月上旬定植到露地。先做成宽1.4~1.5米的平畦，畦中按行距70~75厘米开两条定植沟，深约12厘米，将育成的茄苗按株距30厘米定植在沟内。以后随茄子植株的生长，分次培土，最后取畦埂土培成高垄，再将茄子行间的土壤浅锄耙平，变成平畦，准备播种青菜。6月下旬至7月上中旬将青菜籽撒播在畦内，用钉齿耙耙一遍，将种子埋入土中，每亩播种量0.5~0.75千克。播种后立即浇水。出苗以后的水肥管理按茄子的需要进行。茄子于6月中旬至8月上旬采收，青菜于7月下旬至8月中下旬采收。

第二，豇豆套夏青菜。选用早熟豇豆品种，如四川红嘴燕（一点红）、上海小白豇、广东细花猪肠豆、山东青丰豇豆、一统豇山、望丰早豇80等。

4月中旬至5月中旬按行距67厘米、株距27厘米挖穴点播豇豆，每穴播种子3~4粒。出苗后间苗，每穴留2株。6月下旬至7月上旬在豇豆架下套种青菜。套种前先将豇豆基部老叶摘除，浅锄后撒播青菜种子，每亩用种量约0.7千克。播后用钉齿耙耙一遍，然后浇水。青菜出苗后的水肥管理按豇豆的需要进行。青菜于播种后30天左右开始间拔采收，正值高温期上市。豇豆于播种后60天左右开始采收，采收期约60天。青菜的全生长期处于豇豆枝叶较繁茂时期，豇豆为青菜的生长创造了较为阴凉湿润的环境。

第三，春甘蓝套种夏青菜。春甘蓝是指秋、冬季播种育苗，早春定植，初夏采收的甘蓝。套种青菜的方法是：甘蓝采收时只砍掉叶球，保留外叶，待大部分叶球采收后，将基部老叶砍掉，撒播青菜种子，用小锄浅锄一遍，使种子埋入土中，然后浇水。甘蓝的宽大外叶成为青菜的荫棚。青菜出苗后，经常保持土壤湿润状态。但浇水必须在清晨或傍晚天凉时进行，以降低气温和地温。一般不追肥，更不要施人粪尿，以免菜秧腐烂死亡。青菜播种后 30~35 天采收。

采用育苗移栽生产大棵夏青菜的，播种后至出苗前用黑色遮阳网覆盖。部分种子子叶出土后搭小拱棚，改用防虫网覆盖。苗龄 15~20 天定植到覆盖防虫网或遮阳网的大棚中。定植后 30~35 天可陆续采收上市。

(三) 秋青菜

秋青菜是指 8~9 月份播种育苗，9~10 月份定植，10~11 月份采收的青菜。

(1) 品种选择　8~9 月份播种的青菜，因温度适宜，生长速度快，又不存在早期抽薹问题，采收期长，所以比较容易高产、优质，对品种的选择也不严格。前述不同类型中的各个品种都可以用于秋、冬青菜栽培。当然，不同地区根据消费者的不同爱好，在不同播种时期，各有比较适宜的品种。播期较早，收获期也较早的，可选择较耐热但耐寒力较弱，充分成长后适宜作腌菜的品种，如南京高桩、杭州瓢羹白、常州长白梗、无锡长箕白菜、合肥小叶菜等。播期较晚，收获期延至 12 月至翌年 1~2 月份的，可选择耐寒力较强的品种，如南京矮脚黄、常州青梗菜、上海四月慢及五月慢等。

(2) 整地　秋冬青菜的前作多为番茄、黄瓜、菜豆等夏菜。前作收获后及时浅耕，耙耱保墒。每亩施入腐熟圈肥 3000 千克左右，再浅耕一遍，使肥料与土壤充分混合，耙平后做平畦，畦宽 1. 3~1. 4 米。

(3) 育苗及定植　8 月份播种时，温度仍偏高，苗床应选择阴凉通风处，干籽撒播后浇水，或采取“落水播”。必要时，在播种后

还要覆盖遮阳网或无纺布，以提高出苗率和成苗率。刚出苗时不宜浇水，以防泥浆埋没菜心，影响秧苗生长。长出 2 片真叶后浇第一次水，以后间苗 1~2 次，留苗距离 6~7 厘米，防止徒长。按照见干见湿的原则浇水。一般在播种后 20~25 天菜苗有 5~7 片真叶时定植到大田。气温较高时苗宜小；气温适宜时苗子可稍大。定植时选择健壮、须根发达、无病毒病症状的苗子。定植距离，根据品种株型大小和栽培目的决定。株型小的品种、采收幼嫩植株以提早上市的，定植距离适当缩小，一般为 20 厘米见方；株型较大的品种、采收成株以延后上市的，定植距离可适当增大，一般为 25 厘米见方。定植深度以苗子的心叶露出土面为度，栽植过深，浇水后淤泥埋住心叶，易引起腐烂。

(4) 田间管理　菜苗定植后，根据气候情况轻浇 1~2 次水，促使发生新根。心叶开始生长后中耕保墒。菜苗转青，开始进入旺盛生长期，在行间开浅沟，撒入尿素或碳酸氢铵等速效性氮肥，覆土后浇水。

根据土壤肥力状况，每亩施用尿素 10~12 千克或碳酸氢铵 25~30 千克。菜苗生长旺盛期，每亩追施氮磷钾复合肥 30~40 千克。

(5) 采收　秋冬青菜的采收期比较灵活，可根据市场需求分期分批采收，直至严冬植株轻微受冻时。腌青菜宜在早霜来临前后采收。

(6) 贮藏　为了满足 12 月至翌年 1~2 月青菜的供应，北方地区常采用一些简便易行、成本低廉的传统贮藏方法。主要有以下三种。

①堆藏。选高燥背阴处，整平地面。准备贮藏的青菜于最低气温降至-1℃左右时齐地面铲下，摘除黄叶、病叶后稍加晾晒。将青菜基部向下，一棵挨一棵地直立摆放。一般堆宽1.5米左右，长度以背阴处的长短决定。青菜中间每隔1.5米插入竹筒或草把，以利于通风换气。菜摆好后，用土将四周封严，再用细潮土将青菜盖住。以后随气温下降分次覆土。覆土厚度根据不同地区冬季温度情况决定，原则是贮藏期间菜堆中的温度尽可能保持在0~1℃。降雪后不必扫雪，利用积雪保持菜堆中恒定的低温。如果有化雪现象，应及时扫除积雪，避免雪水流进菜堆。

准备上市时，如果青菜已经冻结，应将青菜移至温度为2~3℃的地方，使它慢慢解冻。切忌将已冻结的菜放在高温下迅速解冻，以免造成青菜脱水萎蔫，甚至腐烂。另外，在取菜时要轻拿轻放，以免造成伤口，在解冻期间引起腐烂。

这种贮藏方法多用于冬季平均最低温为-6℃左右的地区。

②沟藏。在高燥背阴处挖浅沟，沟宽约30厘米，深15~20厘米。如果沟宽在1米以上，须在沟底挖通风沟。如果没有现成的遮阴处，可在沟的南侧设置荫障，避免阳光直射。

收获的青菜直立摆放在沟中，利用自然低温使青菜迅速冻结。在贮藏期间应始终保持轻微冻结状态。上市前移至冷凉处，使其缓慢解冻，恢复新鲜状态。在土壤解冻时应结束贮藏，避免菜体萎蔫或腐烂造成的损失。

这种贮藏方法多用于冬季比较严寒的地区。沟的深度和宽度可根据当地冬季温度情况决定。

③假植贮藏。土壤上冻前将青菜连根挖起，假植在阳畦中。事先将阳畦土壤挖松，整平，再栽植青菜。株行间适当留点空隙，以利于通风。栽植后浇水，使青菜可以从土壤中吸收水分和养分，维

持生命活动，进行微弱的生长，但不要使菜体受冻。所以，假植后应根据温度变化情况，在阳畦上覆盖草帘或薄膜。白天，在青菜不受冻的前提下揭开覆盖物或略揭开一点，使其见光，夜间盖上防冻。土壤干燥时浇水。

假植贮藏的青菜，可根据市场需求分期分批上市，直至春青菜开始采收。

二、芹菜

芹菜在气候凉爽、日照时间较短的环境下，营养生长旺盛，产量高，品质好，所以秋季是芹菜的主要栽培季节。我国北方地区采用多种栽培方式已基本实现周年生产。

（一）露地秋芹菜

6~7月份播种育苗，8月份定植，10~12月份采收。

（1）品种选择　秋芹菜育苗期正处在高温季节，生长后期又处于初冬季节，宜选择耐热、耐寒力均较强，高产、优质的品种。目前多选用天津白庙芹菜、河北铁杆芹菜、玻璃脆、陕西实秆绿芹、岚山芹菜、意大利夏芹、文图拉、美国西芹、嫩脆等。

（2）育苗　芹菜种子收获后一般有1~2个月的休眠期，所以不要用当年的新种子，而是要用头一年的陈种子。选择阴凉、土质肥沃疏松的地块作育苗畦。最好利用空闲的大棚育苗。每亩育苗畦施腐熟圈肥4000~5000千克，翻匀耙平后做成宽1.4~1.5米的平畦。芹菜苗期生长慢，田间易滋生杂草，播种前应施用除草剂。每亩用48%氟乐灵100克或48%拉索乳油200克，加水35千克，喷洒畦面，然后浅锄，使药液与土充分混合。

播种前6~7天，用凉水将种子浸泡24小时后，加湿沙拌匀，用纱布包裹放在15~20℃温度下催芽。水井中的温湿度正符合芹菜种子发芽的需要，可将种子包吊在水井中，距水面约20厘米，每天将种子包投入水中冲洗一次，经过5~6天，大部分种子胚根露出时（俗称发芽）便可播种。

选阴天、清晨或傍晚温度较低时，采用落水播种法播种。先浇足底水，水渗完后撒播种子。如果是在大棚中育苗，播种后撒一薄层细土将种子盖住，并在大棚顶部覆盖薄膜，薄膜上加盖遮阳网，以避雨遮光，降温保湿。如果在露地育苗，播种覆土后在畦面上盖遮阳网或稻草等，以遮阴降温并防止表土板结。育667平方米地用的苗，需要种子200~250克。

播种后如遇连续晴天，每天或隔一天于清晨洒一次水，保持畦面湿润。发现有部分种子的子叶露出土面时，露地育苗的于傍晚揭去覆盖物，翌日上午再盖上，傍晚再揭开，逐渐锻炼幼苗，以适应外界环境，苗出齐后可不再遮阴。在大棚中育苗的，可在苗出齐后逐渐缩短遮阴时间。

出苗后间苗1~2次，使苗距保持2~3厘米。幼苗长出3片真叶时，结合浇水施尿素，每亩约10千克，或用喷雾器喷施0.5%的尿素，隔1天再喷施0.3%的磷酸二氢钾。本地芹4~5片真叶，苗龄45~50天时便可定植，但西芹苗期生长慢，苗龄60~70天，具6~7片真叶时才定植。

（3）定植　立秋以后温度逐渐下降时定植。

前作收获后浅耕灭茬，每亩施腐熟圈肥约5000千克，过磷酸钙或钙镁磷肥40~50千克，硼砂1~1.5千克，硫酸钾1~1.5千克，深翻，耙平后做成宽约1.4米的平畦。软化栽培的按沟距60厘米左右挖沟，为减少培土软化期间叶柄腐烂，沟与沟之间的土壤不宜施有

机肥。

芹菜定植后，前期生长缓慢，易滋生杂草，定植前最好施用除草剂，每亩用25%菜园净500克加水150千克或50%扑草净100克加水60千克，喷洒土表，然后浅锄，使药液与土充分混合。

本地芹可以按行株距各13~15厘米，每穴栽2~3株，或行株距各10厘米，每穴栽1株。沟栽软化栽培的，穴距13厘米，每穴3~4株，或穴距10厘米，每穴1株。西芹的植株大，生长期长，定植距离一般应比本地芹大，但具体的定植距离应根据市场需求情况适当调整。如果要求单株重在1000克左右，行株距可定为各25~30厘米；要求单株重在500克左右，行株距可定为各20厘米；要求单株重在200克左右，行株距可定为各10厘米。稀植时，单株产量高，但总产上不去，而且植株太大，销路不一定好；栽植过密，个体细弱，总产量也许比较高，但商品性差，也不好销。所以，秋季露地栽培西芹的定植密度应综合考虑品种、市场需求及经济效益。

定植宜选择阴天或下午温度较低时进行。大小苗分级定植。覆土深度以埋住根颈部为度，太深时，浇水后泥浆埋住菜心，易引起腐烂死苗。定植后立即浇水，俗称定根水。

（4）田间管理　芹菜浇定根水后2~3天，如果一直是晴天，需要再浇一次，使土壤经常保持湿润状态，以利于发根。当心叶色泽变绿，开始生长时，表示已生出新根，可结合浇缓苗水施第一次追肥，用1%尿素与5%过磷酸钙浸出液随水浇施，促进根系和叶部生长。由定植到缓苗需15~20天。

缓苗后气温降低，植株生长缓慢，需水量不大，为促进根系向深处伸展，抑制叶柄徒长，促进心叶生长，在浇过缓苗水以后，要适当控制浇水，进行蹲苗。蹲苗期间不浇水或少浇水，但要进行1~2次浅中耕，减少土壤水分蒸发。蹲苗期的长短，根据天气情况决定，少则5~7天，多则10~15天。当外叶色泽变深，心叶开始直立向上生长（立心），地下根系大量发生时，结束蹲苗。

立冬以后，日平均气温已下降到20℃以下，植株生长加快，进入产品器官形成的重要时期，也是肥、水管理的重要时期。一般在蹲苗结束后，结合浇水施氮磷钾复合肥，每亩40千克左右。以后每隔10天左右施一次追肥，每次每亩施尿素10千克并叶面喷施0.2%的磷酸二氢钾，促进叶柄增粗，纤维减少。为防止缺钙，可喷施1%钙镁磷肥浸出液；防止缺硼，可喷施0.3%~0.4%硼砂。这一时期地表已布满白色须根，土壤不可缺水，天晴时每3~4天就要浇一次水。以后随气温下降减少浇水。收获前5~7天停止浇水。

为了加速叶柄肥大，在收获前1个月喷施15~20毫克/升赤霉素液，隔1周再喷一次，可使叶柄更加脆嫩，并可增产20%~30%。

有些西芹品种在生长前期从根颈部会长出分蘖，分蘖过多时，消耗养分，影响叶柄肥大，应及早去掉。

软化栽培的芹菜，于气候转凉以后开始培土。培土前浇一次水，土壤湿度适宜时，选晴天下午植株上无露水时，从定植沟的两侧取土培在植株周围，培土深度以不埋住心叶为度。共需培土4~5次，培土总厚度取决于沟栽行距的宽窄，薄者20厘米左右，厚者可达30厘米。经过培土软化的芹菜，叶柄洁白脆嫩，品质大大提高。培土还有防寒作用，可延迟秋芹菜的收获期，产量也随之提高。

（二）保护地秋延后芹菜

7~8月份播种育苗，9~10月份定植到大棚或日光温室中，元旦至春节继秋芹菜之后上市，经济效益好。

（1）品种选择　司秋芹菜。

（2）育苗　秋延后栽培的芹菜播种期仍处在温度较高的季节，

播种前种子仍需进行低温浸种催芽。播种育苗方法与露地秋芹菜基本相同。为了促使幼苗多发生侧根，可在3~4叶期移植到塑料营养钵或纸筒中，移植后约1个月可定植。定植时根系完整，缓苗期大大缩短。还可以采用长60厘米，宽30厘米，561孔，孔径为1.2厘米的穴盘育苗。每张盘播种子1克，覆土0.5厘米。苗高5~6厘米时，将幼苗轻轻拔起定植。

（3）定植　幼苗长出6~7片真叶，本地芹苗龄为50~60天，西芹苗龄为70~80天时，定植到塑料大棚或日光温室中。在大棚或日光温室定植的芹菜，往往因采用大水漫灌，水量过大，土壤和空气湿度高，而诱发斑枯病和斑点病。所以，有条件的地方最好采用软管滴灌。定植前棚（室）内重施基肥，每亩施腐熟圈肥5000~6000千克，过磷酸钙100千克，深翻后耙平，做宽1~1.2米的平畦。大棚顺棚长方向做畦，日光温室做南北向畦。本芹的定植行株距各为10~15厘米，栽单株或双株。西芹的行株距各为25~30厘米，栽单株。栽苗时将过长的主根剪断，保留4~6厘米长，促使多发侧根。定植完毕立即浇定根水。

（4）管理　定植后至扣棚前，如气温偏高，在浇定根水以后2~3天再浇一次水。缓苗后随水施尿素，每亩10千克。

当最高气温下降到10℃左右，最低气温下降到2~3℃时，棚（室）应及时扣膜。扣膜初期要注意通风。白天保持在15~20℃，夜间保持在13~16℃。外界最低气温降低到-4~-3℃时，在棚（室）中套小棚；降到-6℃以下时，小棚上加盖草帘，使棚（室）内的最低温不低于8℃。

扣膜以后，芹菜进入旺盛生长时期，对水、肥的需求量增加。具体措施参考秋芹菜立冬后的水、肥管理，不同之处在于棚（室）内土壤蒸发量减少，浇水量和次数也应适当减少，浇水时间应在晴天的上午，浇水后要适当通风，以防湿度过大导致病害发生。

（5）采收　根据市场需求及下茬菜的安排，可以分期分批采收，也可以在元旦至春节期间集中采收。在运往市场途中应注意防冻。有的地区还采取擗叶收获的办法，就是把芹菜外围已长成但未老化的叶柄从基部擗下，扎成把上市。每次每株擗叶3~4片，过3~5天伤口愈合后浇水追肥，经15~20天再进行擗叶收获，一般擗叶收获2次后便连根挖出，经修整后以整株上市。这种收获方法虽然比较费工，但产量较高。

（三）露地越冬芹菜

北方冬季平均最低气温不低于-10℃的地区，可以在7~8月份播种育苗，9~10月份露地定植，冬季略加保护，翌年春季抽薹前，继大棚秋延后芹菜之后上市。西芹幼苗生长慢，生长期较长，应提早15~20天播种。有的地区还采取9月份露地直播的方法进行本芹的露地越冬栽培。

（1）品种选择　露地越冬芹菜要求抗寒，春季抽薹晚。适宜的品种有春丰、陕西实秆绿芹、玻璃脆、天津津南实芹1号、山东桓台实心等。

（2）播种育苗　播种育苗方法及苗期管理参见秋芹菜栽培。定植前应育成苗龄为60~70天，具有6~7片真叶的壮苗。越冬时，苗子过大或过小都会降低抗寒力，不易安全越冬。

直播的越冬芹菜，播期可推迟20天左右。

（3）定植 北方地区当日平均气温降低到13～15℃时定植，使其在立冬前根系生长良好，增强抗寒力。

越冬芹菜的前茬应选择生长期比较短的夏菜，如小架番茄、春黄瓜、菜豆等，以便有足够的时间进行细致的整地工作。前作收获净地后，及时浅耕灭茬，耙耱保墒。每亩施腐熟圈肥5000～6000千克，过磷酸钙60～70千克，深耕23～27厘米，横竖耙2遍使肥料与土壤充分混合，再耱1～2遍，使土壤细碎平整，然后做1.2～1.5米宽的平畦。整地质量对越冬芹菜能否安全越冬有很大影响，切不可掉以轻心。

越冬芹菜定植距离参考秋芹菜，因适宜生长的时期较秋芹菜短，个体较小，可以适当栽密些。

（4）田间管理 定植后立即浇水，土壤湿度适宜时中耕保墒。缓苗后浇水，然后合墒（即墒情合适）中耕蹲苗，使根系下扎。结合中耕给植株培土，保护心叶，或用土粪等进行地面覆盖，或设立风障，保护越冬。

翌春植株返青后及时浇返青水，并追施速效性氮肥。结合浇水每亩施尿素10千克，隔10天左右再施尿素10千克，促进植株旺盛生长。此外，在每次施尿素以后，叶面喷施0.2%磷酸二氢钾，促使叶柄增粗，纤维减少。

（5）采收 为保证产品质量，越冬芹菜应在开始抽薹以前采收。

（四）春芹菜

春种夏收，继露地越冬芹菜之后上市。应选择春季抽薹晚的品种。如春丰、天津白庙芹菜、河北铁杆芹、山东桓台实心、山东黄苗、陕西空秆绿芹、意大利冬芹、文图拉、嫩脆等。

春芹菜有直播和育苗移栽两种方式。

(1) 直播　3月份，当平均气温达5℃以上时，可在露地直播。播种过早，易未熟抽薹。选用本地芹品种。种子用30℃温水浸种12小时，加细沙拌匀后，采用落水播种法播种。每亩播种量1千克左右。出苗后，随温度升高增加浇水和追肥，促进营养生长，延迟抽薹。追肥以速效性氮肥为主。

直播春芹菜没有一定的采收标准，因植株纤细，多采用分次割收的方法。从5~6月份开始收割，每隔1个月左右收割一次，每次收割后浇水追肥，可一直收割到8~9月份。

(2) 育苗移栽　选用本芹品种或西芹品种。2月份在阳畦、日光温室或加温温室中播种育苗。先在育苗盘中播种，3片真叶假植(移植)，苗距5厘米见方，或移植到塑料营养钵中。苗龄50~60天，当外界平均气温稳定在10℃左右时定植到露地，定植行株距较秋芹菜适当缩小。定植后温度逐渐升高，缓苗后植株生长速度逐渐加快，应抓紧浇水追肥，使植株在平均气温升高到25℃左右时能达到采收标准。移栽春芹菜一般在5~6月份采收，采收过晚时，叶柄老化，空心，纤维增多，品质下降。

为了提早春芹菜的收获期，还可以提早20天左右，在温室中播种育苗，当幼苗长出5~6片真叶时，定植到露地，搭1米高左右的小棚防寒，收获期可比不覆盖的提早15~20天采收。可采取擗叶法分次采收。

(五) 夏芹菜

当地春季断霜后1个月左右的时间内可分期播种，7~8月份继春芹菜之后上市。

夏芹菜的生长期大部分处在高温季节，必须选用耐热力强的品种，如山西长治芹菜、内蒙古呼和浩特市实秆芹菜、黑龙江双城空

心芹菜、河南永城空心芹菜及山东新泰芹菜等。

夏芹菜生长期短，多采用直播。播前种子用温水浸种12小时后播种，如果播期较晚，温度较高，可采用低温浸种催芽后播种。做宽1.5米左右的平畦，畦内撒施氮磷钾复合肥，每亩70~80千克，翻匀耙平后浇水，水渗完后撒播种子，覆细土0.3~0.5厘米。播种后如果温度偏高，可在畦面覆盖遮阳网，临近出苗时，于傍晚揭掉，以免出苗后因光照太弱子叶黄化。

出苗后温度持续上升，当最高气温超过25℃时，搭中棚，覆盖遮阳网，遮阴降温。田间管理参见夏菠菜。植株长到20厘米左右时割收，或连根挖出。上市期正值夏季绿叶菜稀少时，销路较好。

（六）早秋芹菜

播期较夏芹菜晚1个月左右，9~10月份继夏芹菜之后上市。

本地芹品种选择同夏芹菜。一般采用直播，采收细嫩植株。如果选用耐热西芹品种，如意大利夏芹、美国西芹、嫩脆芹菜等，可提前在露地播种育苗，定植到空闲的日光温室或大棚中，覆盖遮阳网越夏，9~10月份继夏芹菜之后上市，产量和质量均较高。

5月份平均最低气温稳定在10℃以上时，在露地以宽约1.2米的平畦做育苗床。每亩育苗畦施用腐熟圈肥3000~4000千克，过磷酸钙50~60千克。种子用温水浸种，采用落水播种法播种。栽667平方米地需苗床面积50平方米，需种子量50~60克。

播种后经常保持苗床湿润，15天左右出苗。2片真叶时开始间苗，最后一次间苗使苗距达9厘米见方。

日光温室或大棚在前茬收获后，每亩施腐熟圈肥5000千克，过磷酸钙60~70千克，深翻30厘米，耙平后做成南北向、宽1.2~1.4米的平畦，准备定植。

6月份按行株距各15~20厘米挖穴定植。带土挖苗，剪去过长的主根，留4~6厘米长。定植深度以刚埋住根颈部为准。定植后立即用小水浇透，切忌大水漫灌，以防泥浆埋没心叶造成缺苗。缓苗期间中耕保墒，必要时再轻浇一次。缓苗后用小水勤浇，保持土壤湿润。结合浇水施尿素2次，每次每亩施20千克。立心期以后，叶面喷施0.2%磷酸二氢钾水溶液，每10天左右喷一次。

进入7月份，当最高气温达25℃以上时，日光温室或大棚上用遮光率为45%~65%的SZW-14型的银灰色遮阳网或黑色遮阳网覆盖，以遮光降温。遮阳网要根据天气状况灵活掌握揭盖时间，原则是：既起到降温作用，又不使光照过弱，妨碍光合作用的正常进行，导致产量和质量下降。

根据市场需求，早秋芹菜可在9月份上市，增加8~9月淡季的蔬菜供应品种。

三、蕹菜

蕹菜有两种栽培方式：旱地栽培和水田栽培。

（一）旱蕹菜栽培技术

根据不同地区的气候条件，旱蕹菜有露地栽培及保护地栽培两种栽培方式。

（1）露地栽培　又有露地直播和育苗移栽两种方法。

①直播。露地直播的时间，不同地区之间虽有差异，但各地区从春到夏均可分期播种。

直播的田块，在早春应进行浅耕，耙耱保墒，施入腐熟堆肥或圈粪作基肥，每亩施5000千克左右，而后翻耕，耙平，做畦。一般采用平畦，畦宽1.3米，畦长8米左右。

蕹菜种皮厚而坚硬，早春播种时因温度低，出苗慢，遇低温多雨天气容易烂种，可以在播种以前进行浸种催芽。用30~40℃温水浸种两三小时后捞出，在30℃温度下催芽。每天用清水淘洗1~2次，一般3天芽基本出齐后就可以播种。

播种可采取点播法，也可以采取条播法或撒播法。点播和条播比较好，便于锄草及管理。点播时株行距各为17~20厘米，每穴放种子2~3粒，每亩用种量2.5~3千克。条播时顺畦长开沟，沟深3~5厘米，沟距30厘米左右，每亩用种量约10千克。播种后盖土踩实后浇一次透水。也有采取撒播出苗后间苗采收的方法，每亩用种量约15千克。播前要用除草剂喷洒畦面，否则杂草多，不易除去。北方因气候干燥，为保证种子发芽及出土所需要的充足土壤湿度和良好通气状况，多采用落水播种法。播种前先在畦内灌水，等水渗完后撒播种子，而后用腐熟有机肥混土或单纯覆土保墒。近年来，一些地区还在覆土后在畦面上覆盖塑料薄膜，以增温保湿，促进发芽。但用塑料薄膜覆盖的，要提早施用腐熟堆肥作底肥，如果所用堆肥不腐熟，盖塑料薄膜后膜内温度高，堆肥发酵时产生的高温易损伤幼苗，影响出苗。齐苗后，选晴天中午温度较高时，边揭膜边喷水，促使幼苗迅速生长。温度降低时盖膜保温，温度高时揭膜透风排湿。阴天也要适当揭膜换气，以免烂根烂秧。一般苗高7~10厘米，外温达15℃以上，可加强通风锻炼，而后将塑料薄膜全部揭除。苗高20厘米左右可开始间苗上市。每亩产1000~1500千克。

6~8 月播种的，为减少高温、干旱、暴雨等不利因素对出苗及苗子生长的影响，可采用遮阳网育苗和栽培。

②育苗移栽可根据播种期早晚，选用不同的育苗场所。春季气温稳定回升以后播种时，可选疏松肥沃的田块作露地苗床，每亩播种量 20~25 千克，所育的苗可供移栽 1~1.3 公顷大田所需的苗。一般采用撒播，撒种子后盖细土或河泥，厚约 1 厘米。播种后 5~7 天出苗，根据幼苗生长情况，追施 1~2 次氮磷钾复合肥，每亩 30 千克左右。苗高 15 厘米左右，有 4~5 片真叶时便可移栽到大田。

为提早上市期，在早春育苗时，可在冷床（阳畦）、改良阳畦（又名小洞子、小暖窖、小型日光温室）或中棚中育苗。每平方米苗床面积播种子 75 克左右。先浇水，水渗下后撒播种子，覆土厚约 2 厘米。棚内温度尽可能保持在 30~35℃，3~4 天苗出齐，注意通风换气。苗高达 10 厘米时移栽。如果土壤干燥，在起苗前一天浇水，第二天带土坨挖苗，以利于发根缓苗。

大田栽植的方式可采取正方形，即株行距各 17~20 厘米，每穴栽 1~2 株；也可以按行距 27~30 厘米，株距 20 厘米，每穴栽 3~5 株。栽苗后及时浇水，促进缓苗。

蕹菜耐肥力强，分枝力强，生长迅速，特别是育苗移栽的蕹菜实行多次收割，水分和养分消耗大，其产量和质量与田间管理和采收方法有很大关系。田间管理的重点：一是经常保持土壤湿润状态；二是每次收割后要随水施用速效性氮肥，每次每亩施尿素 10 千克或硫酸铵 20 千克，不断补充养分的消耗。

多次采收的技术措施是：当蔓长达 30 厘米左右时，基部留 2~3 个节，将嫩梢摘下，促使叶腋中的腋芽抽生侧蔓。如果第一次采收时主蔓上留芽过多，则长出的侧蔓细而长，发生“跑藤”现象。第二次采收时，在各侧蔓上留 1~2 个节将嫩梢摘下，如留芽过多，发

生侧蔓过多，养分分散，则叶及梢生长缓慢而且细弱，影响产量及品质。以后的采摘方法依此类推。每隔7~10天采摘一次，可陆续采摘到10月份。在采摘过程中如发现藤蔓生长过密或生长趋于衰弱，可疏去部分密枝及弱枝，改善通风透光条件。后期还可疏去一部分老根藤或将老根藤基部留数节割掉，加强水肥管理，实行更新。待萌发出数个侧蔓后，又可进行多次采收。

育苗移栽多次采收的，一般每亩产量2500千克左右，高产者可达5000千克。

(2) 保护地栽培　蕹菜在北方地区的自然条件下，生长适期短，生长缓慢，采收期短，产量低，质量差。利用不同形式的保护地栽培，进行春提前和秋延后栽培，可基本解决这些问题。

①大棚全程覆盖栽培。据报道，甘肃省平凉地区选用泰国空心菜、柳叶空心菜等品种，于4月上旬在大棚内播种。种子经浸种催芽后，采用落水条播，行距12厘米，覆土厚3厘米左右，然后盖地膜。全棚播完后密闭大棚。棚内气温25~32℃，地温保持15℃以上。

苗出齐后揭去地膜，白天棚温20~25℃，防苗徒长；叶片增加到5片时，逐渐将棚温升高至25~30℃。

出苗后30~40天，株高15厘米以上，可结合间苗采收上市。株高达20~25厘米时，留基部2~3节，采收上部嫩梢，待侧枝长到20厘米左右时，再留基部1~2节采收，如此反复进行。每隔10~15天采收一次。采收3次后，摘除基部的一个侧枝，使主茎基部的隐芽萌发。当新枝进入采收期后，摘除基部另一老枝，继续培育低节位新枝，如此不断进行更新，可保持较长的采收期。

棚外温度高时，加大通风；棚外温度偏低时，加厚覆盖物。

采用大棚全程覆盖栽培，蕹菜从5月初开始采收，10月下旬采收结束，采收期长达180天，比露地栽培延长100天，增产1倍以上。

②温室育苗塑料拱棚栽培。黑龙江大兴安岭地区农业技术推广站针对高寒地区的气候特点，采用温室育苗，塑料大、中、小棚定植的方式，使蕹菜在6月份开始采收，为夏季增添了一种绿叶蔬菜。其栽培技术要点是：选用旱蕹菜品种。种子用温水浸泡2~3小时后捞出，在30℃温度中催芽3天，芽基本出齐，即可播种。4月下旬将催芽种子播种在温室中育苗。苗床营养土用田土与有机肥按8∶2比例配制，每立方米营养土加0.5千克磷酸二铵，床土厚10~15厘米，浇底水后撒播种子，每平方米播50~60克，采用点播方式，可减少播种量。播后覆土厚1厘米，盖上地膜，白天温度保持在30~35℃，夜间保持在15℃以上。为保温，夜间可在地膜上加扣小棚，经4~6天苗出齐后，撤去地膜。出苗后土壤要经常保持湿润状态，白天温度可降低至25~30℃。苗龄达40~50天即可定植到塑料拱棚中。

定植前每亩施有机肥2500千克以上，并加磷酸二铵30千克作基肥。精细整地后做成高5~7厘米，宽1.5~2米的畦，按行距30厘米、株距15厘米的距离定植，每畦栽5~6行。每亩定植密度为14400~14700株。定植时棚内最低温不能低于15℃，以免影响幼苗成活及生长。为防止早春低温，在塑料大棚内的四周再拉一层1米高的塑料薄膜。

定植后随即浇缓苗水，以后使土壤经常保持湿润。缓苗（活棵）后随水浇施提苗肥，以氮肥为主，每10天左右追一次肥，每次每亩追施尿素7.5千克。棚内温度保持茎叶生长的适温（25~30℃）。中午如棚内气温超过40℃时适当通风降温。6月中下旬，当植株长到20~25厘米高时，在离植株基部第二至三节处收割。以后每半月采收一次，在当地可采收6~7次。

③日光温室夏秋栽培。据佘长夫（1999）报道，新疆露地栽培蕹菜，因气候干旱，纤维含量高，品质差，产量低。利用日光温室春茬拉秧后栽培蕹菜，可充分利用夏秋季的光热资源，满足蕹菜对高温高湿的要求。

6月上旬前茬拉秧后，每亩施腐熟有机肥4000千克，磷酸二铵30千克，翻入土中后，整地做1米宽平畦。6月下旬用干籽条播，每畦播4行，每亩用种量10千克，覆土厚2.5厘米，镇压后浇水。为防止畦面板结，播后第三天用钉齿耙疏松表土，5~7天出苗。

播后室内白天保持30~32℃，夜间18~20℃。苗高3厘米左右时，小水勤灌，保持土壤湿润，随水施尿素，每亩5千克，促苗生长。

播后35天，植株高达30厘米左右时开始采收，方法同前。每隔7~10天采收一次，每采收一茬，每亩施尿素10千克。从8月上旬至10月上旬，可采收5~6次，每亩产4000~6000千克。

（二）水蕹菜栽培技术

水蕹因很少结籽，一般采用藤蔓扦插，进行无性繁殖，也可以用播种培育的实生苗作栽植材料。蕹菜水栽的优点是，生长旺盛，采收期长，产量高，品种脆嫩，北方有水栽条件的地区值得一试。

水蕹菜有浅水栽植和深水栽植两种方式。

（1）浅水栽植　又称水田栽植。利用浅水田或水塘栽培。选择水源方便、能排能灌、向阳、肥沃、烂泥层浅的田块。栽苗前将水放掉，深犁，细耙，除尽杂草，施足堆肥或青草肥及腐熟厩肥，将田整平，然后扦插。下面介绍插条的培育、扦插及田间管理。

①培育插条。培育插条的藤蔓称种藤。插条的培育方法因地区而异，如湖南长沙菜农采用头年贮藏的藤蔓于春季剪成插条，直接

扦插到水田。冬季不太冷的地区，可以不贮藏种藤。在生产田中选避风向阳的田块，于霜降前用渣肥及草覆盖种藤越冬。翌年由种藤上发生的侧蔓长到30厘米左右时，将侧蔓扦插到水田。如四川、江西则采用保护地进行种藤育苗，用由种藤上发生的侧蔓作插条。关于种藤的培育及贮藏技术将在水蕹菜留种一节中介绍。这里重点介绍四川和江西的种藤育苗繁殖技术。

四川多在2月份用温床或温室培育插条。将贮藏在地窖中的种藤取出后，选择粗壮、芽苞完好的种藤，用50%托布津可湿性粉剂1000倍液消毒。温床中铺入经过充分腐熟、过筛的堆肥，厚约7厘米，将种藤以3~5厘米的距离排在床土上面，再用堆肥覆盖。切忌用未经腐熟的堆肥或其他有机肥作苗床基肥和覆盖种藤，以免在育苗过程中造成种藤腐烂。

温床中的温度最初保持35℃，1周后开始出芽，温度降至25~28℃。等芽出齐后停止加温，白天逐步揭开薄膜通风，加强锻炼，使幼苗能适应大田环境，夜间盖薄膜保温。待种藤上发生的侧蔓长到7~10厘米长时，大约在3月下旬，可将整条种藤移栽到秧田中。

秧田选烂泥层较浅的水田，最好是前作为旱作的干田，年前每亩施腐熟人畜粪5030千克作基肥，开春耕田，耙平整细后做成畦宽1.2米、沟宽30厘米、沟深20~25厘米的高畦，沟中灌满水。在高畦上以15~17厘米的距离，横向栽植种藤，栽的深度以种藤刚埋入泥中为度，但种藤的梢顶要露出泥外。最后在畦上插竹条架拱棚，四周用泥压严。小拱棚一般宽1.2~1.3米，长不超过20米，棚高50厘米左右。近年来，采用中棚覆盖的地方逐渐增多。由于中棚的空间大，温度变化较平缓，管理较方便，所以育成的苗较小棚苗健壮，而且可以提早5~7天出售插条。中棚一般宽6~7米，长10米左右，中高1.5米，边高约1米，棚的面积以60~70平方米为宜。

封棚后为促使种藤发新根，要保持比较高的温度，棚内气温不超过30℃时，一般不通风；如超过30℃，揭开棚两头的薄膜通风，以防止烧苗。7天左右种藤上长出新根，可以开始通风，晴天上午外界气温上升后，先揭开薄膜的两头，以后随侧蔓的生长及外温的升高，除了从棚的两头通风，还可以将棚中部的薄膜揭开，加大通风量。晴天外温较高时，还可将薄膜全部揭去（敞棚）2~4小时。采插条以前，尽量敞棚炼苗。

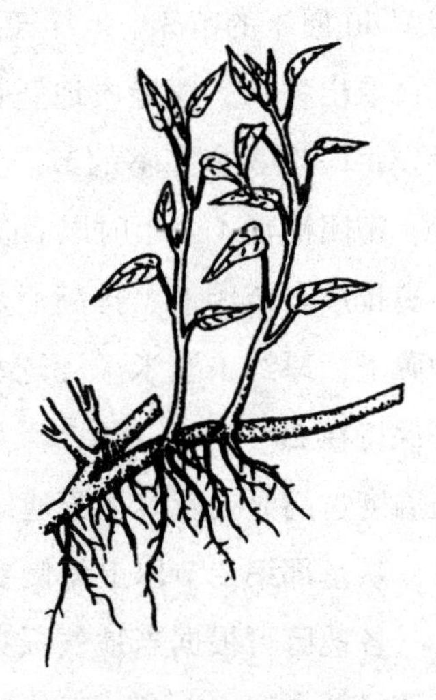

蕹菜的种藤及侧蔓

种藤栽到秧田半个月以后，可追施30%的粪肥催苗；1个月以后可施少量尿素。施肥后必须敞棚，散发氨气，避免烧苗。

秧田的灌水，在初期气温尚低时，可将沟中的水排掉晒田，使土温升高，促使发根。以后沟中一直灌满水，保持畦内土壤湿润而不被水淹没。

当种藤的一级侧蔓长到15~20厘米时开始压蔓，使一级侧蔓上长出须根，抽生二级侧蔓，形成更多的插条。一级侧蔓长到30~40厘米时摘顶，促使二级侧蔓的生长。二级侧蔓长到约30厘米长时，采摘作为插条。采摘时在蔓的基部留2~3个节，使其发生下一级侧蔓。如此整枝，可以分期分批供应插条。插条取够后，所发生的侧蔓可以采摘上市。

江西与重庆的种藤育苗技术的主要不同点是，直接采用塑料拱棚育苗。其技术要点是：选择头年未栽过蕹菜、排灌方便的地块，每亩施腐熟厩肥2500千克，做成宽1.5米、长度不限、高10厘米、沟宽40厘米的苗床。3月气温回升后，选晴天将贮藏种藤的地窖打开，取出种藤。选择质地坚韧、金黄色、无病、无损伤的种藤剪成段，每段带3个完整的节。然后喷洒50%多菌灵可湿性粉剂500倍液，密闭消毒4个小时以后备用。3月中旬将消过毒的种藤按2厘米距离排放在苗床上。排满后用未种过蕹菜的园土加沙混合后覆盖在种藤上，厚约1厘米。浇透水后搭拱架，盖塑料薄膜保温。棚内温度保持在20~30℃。约7天后茎节上发生新根，腋芽萌发，此时棚内温度过高时要及时揭膜通风降温，避免烧苗。当苗长到40厘米长时，从基部第二节以上将侧蔓剪下供大田扦插用。

各地区可根据当地气候条件、育苗时间及育苗设施等方面的具体情况，参照以上两地区的经验，灵活运用。

②扦插及田间管理。插条一般长20~30厘米。按株行距30厘米，将插条斜插入土2~3节。扦插后为提高土温，促使发根，水层不宜过深，一般以3~5厘米为宜。待侧蔓长到30厘米左右时，向两侧摆顺并压蔓，促使侧蔓上发生新根和新的侧蔓。以后要经常摆蔓压蔓，直至摆满全田。嫩梢长到25厘米左右时便可开始采收。一般每10~15天可采摘一次，采摘方法同旱蕹菜。

插条定植水田成活后如温度仍低，需要晒田增温。夏季进入高温期，植株生长旺盛，消耗水分多，水深可以增加到7~10厘米，可同时起到降低过高土温的效果。施肥以氮肥为主，施肥量随植株的生长逐渐增多。每次采收后，在傍晚用尿素10~15千克撒在水田中，然后用水泼洒，以免烧坏茎叶。

（2）浮水栽植　又名深水栽植。利用泥层厚、肥沃、水深在30厘米以上的水塘、水沟或河滨栽植。方法是在4~5月采摘侧蔓（种秧），将侧蔓按15~20厘米距离编在长10~12米发辫状的稻草绳、棕绳或藤篾上。绳的两端套在塘边的木桩上，使其随水面升降而上

下浮动。为使绳两侧的重量相近，在编排种秧时应将头尾相间。为便于管理，绳间行距可采用宽、窄行，宽行1米，窄行33厘米（图4-1）。

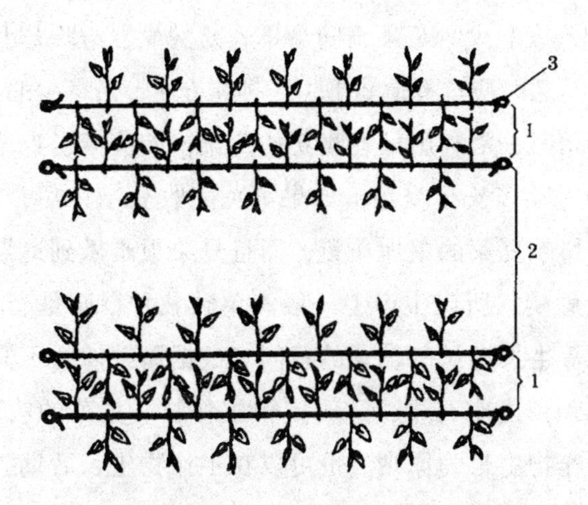

1. 窄行33厘米　2. 宽行1米　3. 木桩

图4-1　蕹菜浮水栽植示意图

四、苋菜

苋菜属喜温蔬菜，北方地区露地栽培时，一般于5~7月份分期播种，6~9月份分批采收。采用不同形式的保护地栽培，可提前和延后采收期。

（一）露地栽培

苋菜以采收幼苗为主的，多采用直播；以采收嫩茎、叶为主的，可以直播，也可以育苗移栽。

（1）品种选择　在实行排开播种时，要注意品种的选择。春季播种时，应先播彩苋和红苋，再播绿苋。因为彩苋和红苋的耐寒力一般较强，而耐热力较差，早播可以早收，使产量增加；绿苋一般耐热力较强，继彩苋和红苋之后采收，采收期较长，仍可保证一定的产量。夏秋季栽培时，最好选择耐热力较强的绿苋。

（2）选地及整地　苋菜田间杂草容易滋生，给除草和采收带来困难，栽培苋菜时应选择地势平坦、排灌方便、杂草少的田块。

春季栽培时，常利用早春收获的蔬菜，如菠菜、青菜等作为前茬。苋菜的后茬多安排夏菜，如果等苋菜收获结束后，再种夏菜，时间太紧，影响夏菜的整地质量，而且夏菜很难做到适期定植，苋菜产量也受影响，所以生产上一般不单独栽种，而是套种在茄子、豇豆、冬瓜等生长期长的蔬菜的行间。根据播种期的不同，可以先播苋菜，在预留的空行中，适时定植主作物。苋菜的收获结束期，以不影响主作物生长为原则。也可以在主作物生长后期，在行间播种夏秋季栽培的苋菜。

苋菜种子很小，整地必须精细。前作收获后浅耕，耙耱，整平后做畦，畦面要求细碎平整。

（3）播种　苋菜一般采取直播，播种量根据不同栽培季节的气温决定。早春温度低，出苗差，播种量要加大，每亩用种量约 3 千克；晚春播种的用种量减少到 2 千克左右；夏秋播种的，用种量再减少到 1 千克左右。

一般采用干籽撒播。播期较早时，因温度较低，出苗慢，播种前需要进行浸种催芽。将种子装在纱布袋中，放在温水中泡三四个小时，取出后去掉过多的水分，置 30℃左右温度下催芽，胚根露出种皮后即可播种。温度比较适宜时，如果土壤墒情好，可在均匀撒播种子后，薄薄地盖一层过筛的粪土，然后覆盖地膜保湿，子叶破土时揭去地膜；如果土壤干燥，播前在畦中先灌水，等水渗下后撒播种子，然后盖粪土，厚约 0.4 厘米。生产上也有采取撒播种子后

镇压土壤，然后灌水的办法，其缺点是，当天气干燥时土表容易板结，影响出苗。

(4) 田间管理　早春播种由于气温较低，播种后10天左右才能出苗；晚春用干种子播种的，4~5天出苗；催芽后落水播种的，2~3天苗子就可以出齐。幼苗长出2片真叶后，生长加快，进行第一次追肥；长出4~5片真叶后，进行第二次追肥，以后每采收一次追一次肥。追肥以氮肥为主，结合浇水进行，宜淡不宜浓。夏季除随追肥浇水，还应浇几次清水以降低地温。

(二) 春季早熟栽培

选择耐寒力较强的红苋或彩苋品种。3~4月份在塑料大棚中直播，4~5月份开始分期分批上市。

冬前深耕22厘米左右，立茬过冬。早春解冻后耙耱保墒。播前半个月左右，每亩施腐熟厩肥2000千克及氮磷钾复合肥20~30千克，翻匀耙平后做1.3~1.4米宽平畦，播前1周扣棚膜保温。

播前种子进行浸种催芽，落水播种。播后覆地膜增温保湿。棚内白天保持在30℃左右，夜间20℃左右。出苗后揭去地膜，改搭小拱棚，将地膜盖在小棚上。如棚内温度仍偏低，可再加盖薄膜。后期棚温超过30℃时，拆除小棚并揭开中棚两头通风降温。以后，随外温升高，逐步将中棚四周棚膜向上卷起。

幼苗长出2~3片真叶时，结合浇水每亩施尿素5千克。播后

45~50天，苗高10厘米左右时，开始间苗采收。以后，每隔2~3天采收一次。中间再追施一次尿素，每亩7~8千克。4~5月份开始采收，6月份结束。

(三) 秋延后栽培

为了进一步提早苋菜的上市期，北方地区可于10月份在日光温室中播种，翌年元旦至春节前后上市。

选用红苋品种，如重庆大红袍苋菜。前作收获后，及时深翻晒土。播前半个月左右施腐熟圈肥，每亩3000千克及氮磷钾复合肥20~30千克。翻匀耙平后，做1.3~1.4米宽平畦。播前1周覆盖薄膜保温。

种子经过浸种催芽后，落水播种。播种后，外界温度持续下降，温室管理以增温保温为主。根据不同地区气候状况，可以用不同形式的多层覆盖措施。利用北方冬季光热资源较丰富的优点，尽可能使日光温室中白天温度在25℃以上，夜间温度在15℃以上。水肥管理参见春季早熟栽培。

播种后60~70天，苗高10厘米左右，开始间苗采收，为早春蔬菜市场增添花色品种。

五、茴香

北方地区茴香露地栽培一般为春、秋两季，但由于适应性强，生长期短，产品没有一定的采收标准，结合保护地栽培，基本上可以做到周年生产。

(一) 春露地栽培

3~4月份露地直播，5~6月份采收。多选用抽薹晚的小茴香

品种。

前作选择冬前收获的、非伞形花科农作物。前作收获后深翻20~25厘米，立茬越冬。土质黏重的地区，冬季浇冻水，使土壤经过反复冻、融交替变得疏松，以利于茴香根系生长。

早春土壤解冻后施基肥，每亩施腐熟圈肥2000~3000千克，氮磷钾复合肥20~30千克。浅耕耙耱后做1.2~1.3米宽的平畦。茴香种子发芽慢，出土力弱，畦面必须平整，土粒要细。采用落水播种法播种时，种子最好先用40℃左右的温水浸泡24小时，再放在15~20℃的温度下催芽，待胚根露出后播种。如果是球茎茴香，可用干种子条播，在畦内按15厘米行距开浅沟，沟深约1厘米，播后覆土，镇压，浇水。水流要小，以免将种子冲出土面。每亩播种量2.5~3.0千克。

播后7~10天出苗，幼苗生长缓慢，易滋生杂草，应及时除草。真叶出现后开始间苗，拔除过密处弱苗，使苗距达到3厘米左右。球茎茴香的株距保持15厘米左右。多年生栽培的，结合间苗采收，使苗距达13~15厘米见方。

幼苗期生长缓慢，不宜多浇水，一般也不需要追肥。当苗高7~8厘米，生长速度加快时，随浇水施第一次追肥，每亩施尿素10千克。苗高10~12厘米时，随浇水施第二次追肥，尿素用量同第一次。

苗高达到20厘米左右时，可根据市场需要随时采收。采收方法可以采取一次连根挖收，或分次于地表以上2~3厘米处割收。一般当年割收2~3次。作为多年生栽培的，翌年春季开始收割后，每40天左右收割一次，全年收割4~5次。

（二）秋露地栽培

多选用大茴香品种及球茎茴香品种。大、小茴香于7~8月份露地直播；球茎茴香于 7~8 月份在露地播种育苗，9~10 月份定植，10~11 月份收获。

秋茴香播种正值高温干旱或高温多雨时期，栽培的关键是育好苗。播前应进行低温浸种催芽，将种子用凉水浸泡 24 小时，洗去黏液，置 15~20℃温度下催芽，胚根露出后及时播种。采取落水撒播，覆土厚约 1 厘米。播后畦面盖麦秸、稻草或遮阳网，以降温、保湿、防雨打。

子叶顶土时，于傍晚撤掉覆盖物并轻洒一次水，翌日上午再盖上遮阳网，傍晚再撤掉。如此管理，直至苗出齐后，完全撤除覆盖物。苗期生长缓慢，注意清除杂草。第一、第二片真叶展开以前，视天气情况，尽量少浇水或不浇水，促使根系向纵深发展。天气转凉，苗子生长加快时，用小水勤浇，随水施尿素，每亩 10 千克左右。苗高 20 厘米左右时开始收获，可以一次整株收获，也可分次割收。

球茎茴香一般采用育苗移栽。选阴凉处做平畦当育苗床。每 10 平方米苗床施腐熟圈肥 50 千克，过磷酸钙 1 千克，与土充分混合后，整平床面。浇足底水后，按行株距各 5~6 厘米切块。将经过低温浸种催芽的种子置于方块的中央，每处 3~4 粒，然后撒培养土，厚约 1 厘米。播种后的管理同前，长出 5~6 片真叶时定植到大田。

定植前每亩施腐熟圈肥 3000 千克，过磷酸钙 70 千克，深翻耙耱后做小高垄或平畦。带土块挖苗后，按行距 40 厘米、株距 30 厘

米栽苗，然后浇水。土壤墒情合适（合墒）时浅中耕保墒。缓苗后浇水，再合墒浅中耕。在此期间，要适当控制浇水，以防止苗子徒长。

叶鞘开始肥大后，对水肥的需要量逐渐增加，可随浇水每亩施尿素15千克左右。隔10天左右用0.2%~0.3%磷酸二氢钾进行叶面追肥，促进球茎肥大。球茎充分肥大后，在平均最低气温降低至1~2℃时一次采收。采收时拔出整株，将球茎上的根、老叶和上部的细叶柄削掉，球茎连上部嫩叶上市销售。

（三）秋延后栽培

大、小茴香于10~11月份在日光温室或塑料大棚中直播，翌年1~2月份采收。球茎茴香于9月间播种育苗，10~11月份定植到日光温室或大棚中，翌年2~3月份采收。

大、小茴香在日光温室中栽培时，多与其他植株较高大的蔬菜套种，或在温室前沿低矮处或墙边种植。种子经浸种催芽后落水播种。播种后棚（室）内温度保持在15~20℃。出苗后，白天15~20℃，超过23℃通风降温；夜间保持在10~12℃。苗期少浇水或不浇水。生长加快后，随浇水施尿素，每亩10千克左右，隔15天左右再施一次尿素，用量同前。苗高10厘米以上时，可根据市场需求，分期拔苗销售。

球茎茴香可采用切块育苗（方法参见秋露地栽培），或用营养钵育苗。5~6片真叶时定植到日光温室或大棚中。定植后，棚（室）内白天温度18~20℃，夜间13~15℃；缓苗后，白天15~20℃，夜间10~15℃。水肥管理参见秋露地栽培。翌年春节前后上市，经济效益高。

(四) 春露地早熟栽培

多选用小茴香品种。2~3 月份在塑料小棚或中棚中直播。4~5 月份采收嫩株。采收期正值秋延后栽培收获结束以后、春露地栽培收获以前的空档。

选避风向阳地块，冬前深翻，每亩施腐熟圈肥 3000 千克作基肥。做宽 1.2~1.3 米（小棚）或 1.4~1.5 米（中棚）的平畦。上冻前插好拱棚支架，2~3 月份盖薄膜增温，促使土壤化冻。当 10 厘米土层温度稳定在 5℃以上时播种。撒播或按行距 10 厘米进行宽幅条播，播幅宽 5 厘米。每亩播种量 3 千克左右。棚内温度及水肥管理参见秋延后栽培。

苗高 10 厘米以上，间拔采收上市。在露地春茴香上市后一次采收。

六、茼蒿

茼蒿的主要栽培季节为春、秋两季。采用多种栽培方式相配合，基本上可周年生产。

(一) 春露地栽培

3~4 月份露地直播，5~6 月份采收。

多选用耐寒力较强、生长快、早熟的小叶茼蒿品种。3~4 月份当 10 厘米平均土温上升到 7℃以上便可播种。播前 3~5 天用 30℃左右温水浸种 24 小时，置 15~20℃温度下催芽。催芽期间每天用清水淘洗，防止种子发霉。

土壤解冻后浅耕，耙耱保墒，做 1.3~1.4 米宽平畦，畦内施腐

熟有机肥，每亩3000千克左右。翻匀，耙平后采用落水播种，覆土厚约1.5厘米。每亩播种量3~4千克。也可以采用开沟条播，行距8~10厘米，覆土后浇水。出苗前如表土发干，再轻浇一次水。春季温度偏低的地区可加设风障。播种后6~7天出苗。长出2片真叶后开始间苗，拔去生长过密处苗。当具3片真叶时，进行第二次间苗，苗距4厘米。结合间苗，拔除杂草。

出苗以后，适当控制浇水，使根系下扎，防止徒长。株高10厘米左右进入旺盛生长期，要抓紧浇水和追肥。结合浇水每亩施尿素15千克。

株高20厘米左右时开始采收。一般采取割收，即在植株基部留2~3片叶割下，使其发生侧枝。割后加强水肥管理，可继续收割，直至抽薹现蕾前，每亩产1000~1500千克。

（二）春露地早熟栽培

2~3月份播种，4~5月份收获。

为了提早春露地栽培茼蒿的上市期，可采用小棚或中棚栽培。播种期较春露地栽培提早20天左右。整地、播种方法相同。

播种后，如棚内温度低于10℃，应在棚膜上加盖草帘。天晴时，白天揭开草帘使棚内温度上升，傍晚盖上草帘保温。出苗前不用通风。

出苗后，棚温白天保持在18~20℃，超过25℃通风，夜间保持在12~15℃，适当控制浇水。2片真叶后，间苗1~2次，苗距3~4

厘米。10片真叶后生长加快，结合浇水施尿素，每亩约15千克，浇水后注意通风排湿。

株高15厘米左右可一次性齐地面割收或分次收割。采收期较春露地栽培提早15~20天。

（三）秋露地栽培

8~9月份播种，10~11月份收获。

选用耐热力较强、品质好、产量高的大叶茼蒿品种。整地做平畦后，每亩施腐熟有机肥约4000千克作基肥。

种子用凉水浸种24小时后播种，也可在浸种后催芽播种。可采用落水撒播或开沟条播。条播时，按行距10~15厘米开沟，沟深约1.5厘米，播种后覆土浇水。如天气干燥，表土发干时，应再轻浇一次水，以免表土板结，妨碍出苗。每亩播种量2.5~3千克，密植软化时，播种量可增加到3~4千克。秋季温度适宜，适当密植，苗子生长快，可起到软化效果。

幼苗具1~2片真叶时间苗，苗距3~4厘米。间苗后结合浇水施速效性氮肥1~2次。每次每亩施尿素10~12千克。

出苗后35~40天，选大株分期分批拔收，最后一次割收。也可以分次割收，每次收割后浇水追肥，加速侧枝生长。每亩约产7500千克。

（四）秋延后栽培

10月份在大棚或日光温室中播种，12月份至翌年3月份收获。

选用耐寒力较强的小叶茼蒿。播种期一般比秋露地栽培推迟20~30天。

前作收获后清除残株，揭开棚（室）膜，深耕20厘米，晾晒

3~5天后，每亩施腐熟有机肥2500~3000千克，浅耕后耙耱做平畦。

播前种子进行浸种催芽，按15~18厘米行距，开幅宽6~7厘米、深1.5~2.0厘米的沟，撒种子后覆土，浇水。也可以先用育苗盘育苗，苗高约7厘米时，按行距、株距8~10厘米定植。

外界平均气温降至12℃以下时扣膜。扣膜前间苗，拔草，结合浇水每亩施10千克尿素。棚（室）内白天温度超过25℃时通风，夜间温度低于8℃时加盖草帘，使温度保持在12℃左右。

播种后40天左右，苗高10厘米以上，生长加快，选晴天上午结合浇水，每亩施尿素10千克，浇水后注意通风排湿。棚（室）的薄膜上如有大水珠往下滴水，表示空气湿度太大，应加强通风，防止发生病害。

12月份苗高达15厘米以上，可开始收割，捆把上市。翌年3月份以前收割3~4次。每次收割后应浇水追肥，促进侧枝生长。

七、叶菾菜

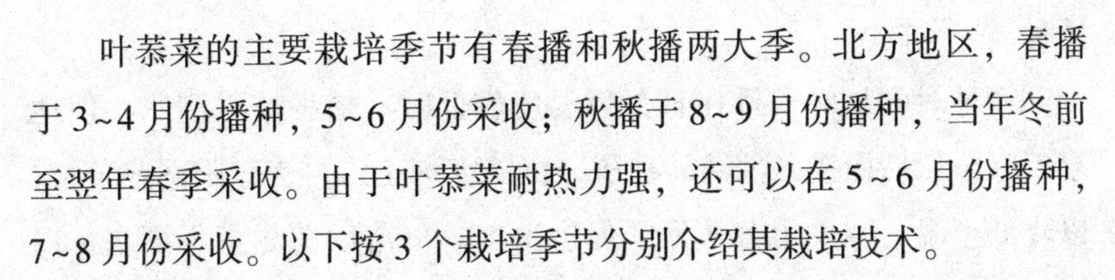

叶菾菜的主要栽培季节有春播和秋播两大季。北方地区，春播于3~4月份播种，5~6月份采收；秋播于8~9月份播种，当年冬前至翌年春季采收。由于叶菾菜耐热力强，还可以在5~6月份播种，7~8月份采收。以下按3个栽培季节分别介绍其栽培技术。

（一）春播栽培

叶恭菜是低温长日照蔬菜，春播时容易抽薹，所以生长期较秋播短，一般以采收嫩株为主，也有采取剥叶多次采收的，不过，要选择抽薹晚的品种。一般采取直播，每亩用种量 1.5~2.5 千克。

采收嫩株的，在前作收获后，整地做畦，将播种用果实搓散，然后均匀撒播，用小锄将种子埋入土中，随即耙平，浇水。播种后 5~6 天出苗。苗出齐后浇一次水，以后经常保持土壤湿润状态，追施速效性氮肥 1~2 次。播种后 40~50 天采收，每亩产 3000~3500 千克。

剥叶多次采收的，在做好的畦中，按行距 25~30 厘米开沟，沟深 3~5 厘米，在沟中条播事先搓散的果实，耙平后浇水。管理工作同上。待长有 6~7 片大叶时，剥去外层 2~3 片大叶出售，内叶继续生长，一般每 10 天左右剥叶一次，抽薹前采收结束。由于生长期较长，故产量较高。

（二）夏播栽培

夏播栽培的主要问题是出苗时间长，出苗率低，苗子生长慢。所以，首先要选择耐热力强的品种，如重庆四季牛皮菜、杭州剥叶恭菜、四川红牛皮菜等。其次，种子必须进行低温浸种催芽。浸种的具体做法是：将搓散的小球果用凉水泡 10~12 小时，放在温度为 17~20℃ 的地方催芽。4~5 天后，胚根（俗称芽）露出果皮便可播种。

播种时间最好安排在日落后温度较低时。播种前先浇水，使地温下降，然后撒播已催芽的种子，覆盖细潮土，再盖遮阳网或苇帘，以降低土温，减少水分蒸发，促进出苗。出苗以前尽量不灌水，以

免土壤板结或冲掉覆土使种子外露，妨碍出苗。出苗以后将覆盖物揭掉。如果天气炎热，而且不时有暴风雨，可在畦面上搭小平棚或小拱棚，棚上盖遮阳网。覆盖期间的管理参考夏青菜。

（三）秋播栽培

秋播栽培的叶菾菜，由于温度适宜，又不存在早期抽薹问题，生长期长，产量高，品质也较好，多采取育苗移栽方法。每亩用种量 250 克。

播种期较早（8 月），温度仍较高时，播种前应进行浸种催芽；播种期较晚（9 月），天气已转凉时，可用干籽播种。做平畦当苗床，按 10 厘米行距开沟，沟深约 4 厘米，条播种子后覆土，灌水。经 6~7 天出苗，真叶长出后间苗，株距 5 厘米。有 4~5 片真叶时定植。秋播叶菾菜的采收期长，宜选表土深厚的黏壤土，并施用腐熟粪肥作基肥（底肥）。少雨、排水良好的地方宜做平畦；多雨、排水较差的地方宜做高畦。

定植前 1~2 天，如苗床土壤湿度不足，应轻灌一次水，以便挖苗时根部能带上土坨，苗子容易成活。定植株行距为 40 厘米。定植后，如遇天气干旱，应连续灌水 2~3 次，促使苗子成活。

缓苗后，每亩施尿素 5 千克。植株有 6~7 片充分成长的叶片后，剥下外层的 3~4 片大叶上市。一般每隔 7~10 天剥叶一次，每次剥叶时至少要留 3 片叶，让其进行光合作用，制造养分，供叶片继续生长；如留叶过少，植株衰弱，反而使产量降低。叶菾菜生长迅速，而且是多次剥叶采收，需要不断供给充足的水分和养分，每次剥叶后应追一次肥，每亩施氮磷钾复合肥 20 千克，土壤要经常保持湿润状态。

播期早的，当年剥叶采收；晚播的，到翌年春季开始剥叶采收，直至抽薹前一次收获完毕。每亩产量可达 5000 千克。

八、芽苗菜

(一) 土壤栽培

芽苗菜土壤栽培在我国民间流传已久，其栽培方法可分为密播软化栽培，如北京的豌豆苗；密播半软化栽培，山东寿光红豆（红大豆)、黑豆芽；密播绿化栽培，如湖南的娃娃萝卜菜等。这些芽菜产品已从芽的食用转为芽苗的食用，其栽培方法也与发豆芽生产模式不同，但仍为土壤栽培。

1. 北京豌豆苗的密播软化栽培

(1) 栽培场所　利用日光温室、塑料大棚、改良阳畦等其他保护地设施进行栽培。

(2) 苗床整理　为了减少栽培期间烂种，易于收获，栽培床应选用腐殖质含量少的沙质土做成。先整平床面，后筑宽 132~165 厘米、深 20 厘米的床，浇足底水后待用。

(3) 栽培技术　品种选用菜用豌豆（皱粒豌豆除外)，在温度较高时也可选用粮用豌豆。前者产品质量好，后者比较抗烂。

①播种。播种前先在苗床上平铺 2~3 厘米厚洁净潮湿的细河沙，然后均匀地撒播已浸过种的种子。每平方米播 2.5~3.0 千克（干种子重量)。后立即覆盖 2~3 厘米厚的湿润细河沙，此后一直到收获，不再浇水。

②软化。播种后随着豌豆苗的生长要继续用洁净湿润的细河沙分 4~6 次连续进行“覆土软化”，使苗尖不露出土面，以黄化芽苗。覆沙总厚度为 12~15 厘米。采收前几天停止覆沙，使苗端最后露出，

令顶叶见光绿化。

③温度调控。尽量保持地温在16~18℃。温度偏低则产品形成所需的时间延长，温度过高则芽苗瘦弱、易发生烂种。

④采收。如温度适宜，播种后10~15天即可采收，每千克干豆可收获产品3.5~5.0千克。收获时可用专用铁丝铲将豌豆苗连根带豆粒铲起，并抖去沙土，洗净，捆扎成小把或包装后出售。经软化后的豌豆苗产品须根乳白色，豆粒青黄色，茎叶暗黄色，顶叶鲜绿色，产品不但美观，而且品质优良。

2. 湖南娃娃萝卜的密播绿化栽培

(1) 栽培场地　湖南当地多采用露地或塑料拱棚作为生产场地。露地栽培一般在3月下旬至11月分期分批播种；塑料拱棚栽培则可提前或延后20~30天。

(2) 苗床整理　应选择有机质丰富、土层疏松、土表不板结、透气性良好的“海绵田”土质作栽培床，整地时每平方米施腐熟、过筛的细碎有机肥3~5千克，掺和均匀后做成宽150厘米（含沟）的高畦苗床。

(3) 栽培技术　品种选用娃娃萝卜或枇杷叶等，也可采用绿肥用萝卜品种或其他萝卜品种。但以种子粒肥大、芽苗茁壮、色泽鲜亮、品质柔嫩者为好。

①播种。将苗床浇足底水，然后均匀撒播种子，每平方米播种量135~150克。播毕即覆盖厚1~2厘米的潮润细土，其上再盖两层遮阳网，以利保湿、遮阴降温（高温季节）或保温（早春、晚秋季节），避免大雨冲砸种子，促进苗齐、苗全。

②播后管理。天气干旱可在出苗前浇一次水。浇水要均匀，水量不要过大，一般可在早晨或傍晚进行（早春或晚秋则可在中午进行）。出苗后应及时撤去覆盖物，逢干旱天气可每天浇水1~2次。

塑料拱棚栽培应通过覆盖物的增减和通风管理，尽量使棚内温度保持在15~25℃，出苗前可偏高一些，使幼苗整齐、健壮。

3. 山东绿瓣大豆芽的密播半软化栽培

(1) 栽培场地　利用日光温室、普通温室或塑料大棚等保护地设施作为生产场地，栽培豆瓣（子叶）为绿色的大豆芽，创造了一种不同于传统黄豆芽生产的新方法。

(2) 苗床整理　选择透气性、渗水性较好的沙壤土、前茬无严重土传病害发生的棚室和地块，翻松土壤，不施肥料，整平，做成南北走向、宽120~150厘米、深10厘米的苗床，床间筑30~35厘米宽的床埂。低温季节为提高床温，可直接将土翻松、整平，用砖铺砌床埂，做成“地上式”苗床。

(3) 栽培技术　山东当地多选用舒兰红豆、赶牛料黑豆等，褐豆类型和黑豆类型等地方品种。也有采用黄豆类型和青豆类型及其他品种的。

①播种。将经过清选的种子，用20~30℃的清水浸种24小时左右，至种子基本吸胀时捞出，沥去水分，稍晾后即可播种。播种时先将苗床搂平，铺填厚2~3厘米的洁净过筛细河沙。每平方米一般需播种子4千克左右。其上再覆盖一层厚2~3厘米洁净过筛细河沙，搂平后立即喷水，浇一次透水。

②播后管理。播种后3~4天当大豆种子已“定橛”拱土，河沙表面出现裂缝时，及时将覆盖的河沙取走，使豆苗子叶微露，同时喷一次水，再盖上湿麻袋片、黑棉布、白棉布可双层遮阳网遮阴，以造成豆苗生长所需的弱光条件。此后一般每两天（夏季）或3~4天（冬季）喷一次水，寒冷季节喷水时且忌水温过低。大豆适宜生长温度为20~25℃，保持棚温稳定。

（二）芽苗菜的无土栽培

1. 栽培场地　无土栽培的场地必须具备下列条件：一是有专用的催芽室和栽培室，并具备日光能利用和水暖系统，小锅炉系统、炉火热风等加温设施，以及自然通风，强制通风，水帘，喷雾降温设施或空调系统。二是能满足芽苗菜生产所需的光照条件。如采用保护地设施为生产场地的，一般在夏秋季强光条件下设遮光设施；以房室为生产场地的，一般要求坐北朝南，东西延长四周采光。在生产状态下房室内光照强度，冬季（弱光季节）近南窗（强光区）一般不低于5000勒克斯、近北窗（中光区）不低于1000勒克斯，远窗区（中部弱光区）不低于200勒克斯。此外，催芽室应能保持弱光和黑暗。三是能保持催芽室、栽培室空气清新和一定的相对湿度。一般昼夜空气相对湿度应调控在60%~90%。四是能保持芽苗菜生长和产品形成所需的适宜水分。应具备自来水、贮水罐、备用水箱以及方便浇水的简易喷淋装置和微喷设施。此外，以房室为生产场地的，尤其是楼房，其地面应有隔水防漏能力，并设置排水系统。五是能容纳催芽室、栽培室以及苗盘清洗区、播种作业区、产品处理区、产品低温暂存库、种子贮藏库等作业区和库房等。并能符合统筹安排和合理布局的需要。

当外界气温高于18℃时即可进行露地生产，但必须用遮阳网适当遮阴，避免中午和强光季节阳光直射，还应注意加强喷水，尽量保持适宜的空气湿度，由于气候条件的局限，露地栽培多为季节性

生产，一般难以做到四季生产，周年供应。因此，生产上多选用塑料大棚、单屋面加温温室、日光温室、现代化双屋面加温温室以及窑窖、地下室、空闲房舍等作为芽苗菜的生产场地。

2. 栽培设施

（1）栽培架　为了提高生产场地利用率，充分利用栽培空间、便于进行立体栽培，特地设计研制了多层栽培架。栽培架一般要求架高160~204厘米，每架4~6层，层间距保持40~50厘米，架长150厘米，宽60厘米，每层放置6个苗盘，每架共计24~36个苗盘。此外，还要求整体结构合理，牢固不变形，第一层离地面不小于10厘米，整架和每一层要保持水平，层架尺寸要与苗盘大小相配套，层间距且忌过小，以免影响透光。

为便于芽苗菜产品进行整盘活体销售，相应的设计研制了产品集装架。集装架的结构与栽培架基本相同，但层间距离缩小为22~23厘米，以便提高运输效率。

（2）栽培苗盘　可选用市售的轻制塑料盘，苗盘的规格为外径上口长60.5厘米、宽24厘米，外径下底长59.5厘米、宽23.2厘米，外高5~6厘米。底部四周有6毫米×3毫米的透气孔眼76孔，底部中心有3毫米×3毫米透气孔眼12~18个。此外为防止苗盘变形，外底部左右斜向各有19道拉筋，中部有3条竖向拉筋，以保证底部平整不扭不翘。苗盘自身重量为500克，另外，也可选用市售的水稻育苗盘。近年来也有生产者还采用铁皮作底、铝合金材料镶边的金属苗盘，但不管采用哪一种苗盘均要求苗盘大小适当，底面平整、整体形状规范、不易变形，且坚固耐用，价格低廉。

（3）基质选择　应选用清洁、无毒、质轻、吸水持水能力较强、使用后其残留物易于处理的纸张（新闻报纸、纸巾、包装用纸等）、白棉布、无纺布、泡沫塑料片以及珍珠岩等。以纸张作基质取材方

便、成本低廉、易于作业、残留物很好处理，一般适用于种粒较大的豌豆、蕹菜、荞麦、萝卜等芽苗菜栽培。其中尤以纸质较厚、韧性稍强的包装纸最佳。以白棉布作基质，吸水持水能力较强，便于带根采收，但成本较高，虽可重复使用，却带来了残根处理、清洁消毒的不便，故一般仅用于产值较高的小粒种子且需带根收获的芽苗菜栽培。泡沫塑料片（3~5毫米厚）基质则多用于种子细小的苜蓿等芽苗菜栽培。近年多有采用珍珠岩（在纸床上再铺垫1~1.5厘米厚）作为基质，尤其用于种子发芽期较长的种芽香椿等芽苗菜栽培，效果最好。

（4）供水装置 芽苗菜生产，尤其是采用纸床栽培者，由于纸张吸水能力有限，加之由种子直接培育成芽苗，要求持续保持床面湿润，因此必须经常均匀地进行浇水。生产上多采用类似于“少吃多餐”的勤浇、勤喷等办法供给水分。

（5）浸种、清洗容器 浸种及苗盘清洗容器应根据不同生产规模，可分别采用盆、缸、桶、浴缸、砖砌水泥池等，但不要使用铁质金属器皿，否则浸种后所接触的豆粒呈黑褐色。在容器底部应设置可随意开关的放水口，口内装一个防止种子漏出的篦子，以减轻浸种时多次换水的劳动强度。

（6）运销工具 由于芽苗菜用种量大，产品形成周期短，要求进行四季生产、均衡供应，一般需每天播种、每天上市产品，因此必须配备足够的运输和销售的工具。

3. 栽培技术

（1）适宜芽苗菜生产的种类和品种 适用于芽苗菜栽培的种类和品种的种子，应符合种子粒较大、芽苗生长速度快、下胚轴或茎秆粗壮、抗逆性（抗烂、抗病、耐寒等）强、产量高、纤维形成慢、品质柔嫩、货架期较长、种子发芽率在95%以上、纯度和净度不低于97%、价格便宜、货源充足、供应稳定无任何污染等条件。

(2) 种子处理

①清选。用于芽苗菜栽培的种子在播种前必须要进行清选。剔除虫蛀、破残、畸形、腐霉、已发过芽的以及特小粒或病粒未成熟的种子，以便提高催芽期的整齐度。

②浸种。将清选后的种子先用20~30℃的清洁水将种子淘洗2~3遍，洗净后用超过种子体积2~3倍的清水浸泡。当达到种子最大吸水量95%左右时结束浸种，其间应根据当地的气温高低换清水1~2次。停止浸种时再淘洗种子2~3遍，轻轻揉搓、冲洗，漂去附着在种皮上的黏液，注意切勿损坏种皮，然后捞出种子，沥去多余的水分等待播种。

③播种与催芽。播种作业在苗盘中进行。将苗盘清洗干净后，在底部平铺纸张或再铺1~1.5厘米厚已浸湿的珍珠岩（珍珠岩加洁净清水，搅拌后挤去多余水分），然后进行播种，要求每盘播种量一致，撒种均匀。播种前除绿芽苜蓿等种子细小的种类可直接进行干籽播种催芽，其他均需在浸种后播种催芽。

一种方法是种子浸种后立即播种，并将播完的苗盘叠摞在一起，每6盘为一摞，置于栽培架上（也可放置于地面），这种方法多用于豌豆、荞麦、萝卜等种子发芽较快、出苗需时较短的芽苗菜。其他作业程序为：清洗苗盘、浸湿基质、苗盘内铺基质、撒播种子、叠盘上架、在摞盘上下铺垫保湿盘、置入催芽室、进行催芽管理、出盘、将苗盘分层置于栽培架、移入栽培室。

在催芽室每天应进行一次倒盘和浇水（调换苗盘上下前后位置），同时均匀地进行喷淋（大粒种），或喷雾（小粒种）。一般以喷湿后苗盘内不存水为度，且忌水量过大，以免种子发生霉烂。为了加强苗盘的通风透气，每叠苗盘之间，应注意保持适当的空间距

离，一般可离开3~5厘米，以利于苗盘出苗均匀。此外，结束催芽后应及时出盘，出盘过迟易引起芽苗细弱、柔长，导致后期倒伏，并引发病害而降低产量。

另一种方法是采用蔬菜常规催芽的方法，其作业程序为：清洗苗盘、置入已浸种的种子（750~1000克为一盘，干种子重），苗盘上下覆垫保湿盘、置入催芽室，进入催芽管理，完成催芽（60%以上种子露白）待播。当苗盘移入催芽室以后，除必须保持室内适宜温度，每天应对种子进行一次淘洗（香椿一般不进行淘洗），并进行2~3次翻倒，同时喷水以保持种子适宜的温、湿度及通气条件，促使种子均匀发芽。3~5天后当大部分种子露出的幼芽不超过2毫米时，应及时播种开始第二次催芽。

（3）培育管理

①及时出盘。芽苗菜完成催芽后，当芽苗高度已达到出盘标准，应及时进行出盘。生产上一般在芽苗“站起”后即可出盘。

②合理光照。当苗盘移入栽培室时，应放置在空气湿度较稳定的弱光区锻炼过渡一天，然后再根据各种芽苗菜对环境条件的不同要求采取不同措施，分别进行管理。

芽苗菜对光照条件的要求不如一般蔬菜严格，但不同种类对光照强度的要求，仍存在一定差异，如芦丁苦荞苗、绿芽苜蓿、娃缨萝菜等需较强光照，紫苗香椿、双维藤菜苗次之，龙须豌豆苗、鱼尾赤豆苗则有较强的适应性。故前三种宜安排在较强的光照区，紫苗香椿和双维藤菜苗可安排在中光区；后两种可安排在中光区和弱光区。采用保护地设施作为生产场地的进入夏秋季节后，为避免光照过强，需在棚室塑料薄膜上加盖黑色遮阳网进行遮阴，来调节芽苗菜对光照的要求。

③温度调控。为了便于温度管理，栽培室最好设单一种类栽培区，并能通过加温、通风等进行温度调控。若在不同芽苗菜进行混合栽培时，则可将室内温度调控在18~25℃的温度范围内。但不管是单一种类栽培或是混合栽培，均应注意避免出现夜高昼低的逆温差。

通风是最常用的温度调节措施之一，且通过通风可经常保持栽培室内有清新的空气，并交替降低空气相对湿度，以利于减少种芽的霉烂，避免室内空气中 CO_2 严重缺失。因此，在保证栽培室在室温的前提下，每天应最少进行通风换气1~2次。即使在室内温度较低时，也要进行短时间的“片刻通风”，但通风时均应尽量避免外界寒风直接吹到芽苗。

④水分管理。由于芽苗菜栽培是采用基质，加之芽苗鲜嫩多汁，因此必须频繁进行补水，采取“小水勤浇”的措施，才能保证和满足其对水分的要求。一般每天应采用微喷设施或喷淋装置，进行3~4次雾灌或喷淋（冬春季3次夏秋季4次）。浇水要均匀，先浇上层然后依次向下进行。浇水量以苗盘内基质湿润、苗盘下不大量滴水为度，同时还要浇湿栽培室地面，以经常保持室内空气相对湿度在85%左右。此外，在阴雨雾雪天气和室内气温较低时，要酌情少浇；反之，在室内温度较高，空气相对湿度较小时要酌情加大浇水量。水分管理对芽苗菜的生长与产品质量影响很大，当水分不足时芽苗菜就会很快老化，并将严重影响品质。

第五章

无公害蔬菜的产品与加工

第一节 无公害蔬菜的产品处理

一、产品采收与采后处理

(一) 产品的采收

蔬菜栽培结束后就到了采收环节，采收是蔬菜产品脱离栽培环境，流向市场，走向消费者的桥梁。采收的时间对蔬菜产品的走向十分重要，如果采收时间早，就会导致产品的质量和产量都降低，商品性能差；如果采收时间晚，就会严重制约产品的贮藏时限。不同的采收期，产品质量和目的都不一样。

采收成熟度是否合理关系到产品的贮藏质量和加工质量，如果采收时成熟度不一样，其作用也不一样。如顶红期和绿熟期的番茄就比较适合长途运输或者贮藏，而用于加工番茄酱、番茄汁的番茄原料，就要选择红熟期或者硬红期的进行采收。确定采收期的具体方法如下。

1. 产品成熟度的判断方法

(1) 从色泽变化进行判断　采收番茄时，色泽是判断成熟度的主要依据之一，利用色差仪能够判断色泽。采收茄子时，如果茄子

饱满充分，外皮紫色泛光，果柄花萼和果实表面连接的地方可见1~2毫米的亮白色环状纹络，则说明茄子已经到了适合采收的阶段。采收鲜食辣椒，如长剑、洋大帅等，其果实表面通常色泽光亮、鲜绿，长势饱满。

（2）从硬度状况进行判断　产品的用途不同，其采收的硬度要求也不同，使用硬度测定仪，可以根据硬度值判断产品原果胶的情况。同时注意，不同的环境，同一品种的采收硬度值也有区别，一般用于长距离物流运输的樱桃番茄，其采收硬度一般为4.5千克/厘米^2。

（3）从化学成分的变化进行判断　采收的成熟度可以从蔬菜产品的总糖、总酸含量或者甜、酸指标进行判断，如用于设施栽培的鲜食辣椒品种“洋大帅”，其总糖含量为3.12%、总酸含量为0.16%、维生素C含量为114毫克/100克时，即可进行采收。用于设施栽培的一些大果型的番茄品种，其采收时的化学指标如表5-1所示。

表5-1　几个大果型番茄品种的采收化学指标

品种或代号	总糖（%）	总酸（%）	维生素C（毫克/100克）
73-446	2.52	0.43	13.7
73-448	2.08	0.36	12.4
宝罗塔	2.36	0.40	19.2
倍盈	2.04	0.40	13.0
好韦斯特	2.25	0.41	13.4
870	1.89	0.36	15.1
1420	2.60	0.40	11.4
印第安	2.02	0.40	16.1
玛瓦3#（物流采收成熟度）	1.94	0.43	11.7
玛瓦　全红	2.48	0.43	13.4

(4) 从品种的生长期进行判断　部分蔬菜品种的生长期是固定的，如马铃薯等，在一定的地区，其开花到成熟的天数可能由于环境和产量的变化会有±5天的误差，但基本保持一致。因此，可以用3~5年的数据积累进行准确的测定，通过生长期的计算判断采收期的成熟度。

(5) 从植株状态、种子色泽、果梗脱离难易和果粉形成状态进行判断　洋葱、马铃薯、大蒜、芋头、生姜等采收时，其地上部分凋谢变黄，进入休眠状态，采收后比较适合贮藏。四季豆采收时外表皮依然鲜嫩，而生菜和茼蒿采收时，植株要求鲜嫩，膨压较高，避免采收后水分流失。

2. 产品的采收方法

(1) 人工采收　进行人工采收时，由于多是临时人员，容易损伤蔬果，因此要做好工人的思想工作。人工采收效率慢、成本高，还会限制部分蔬菜的产业化栽培，如石刁柏、四季豆等。

(2) 机械采收　机械采收不仅节约了采收时间成本，还降低了种植业主和广大农户的劳动强度，并且已做到随时采收随时分级，因此，机械采收对蔬菜生长的成熟度以及整齐度要求比较高。除此以外，比如采收番茄时，基本上先采用化学法去番茄叶再进行连根收获，然后分选。

(二) 产品的采后处理

产品采收后一般需要进行适当的处理，处理程序包括清洗、修整、分级、部分蔬菜特殊处理、包装、预冷、贮运等，其中，清洗、修整和分级涉及产品的外观品质，十分重要。

二、无公害产品的分级标准

（一）无公害蕹菜的产品分级标准

1. 商品性状　蕹菜的基本要求是没有黄叶、老叶，具有本品种的基础性状，具有一定的商品价值。

2. 分级标准

（1）一级标准　蕹菜的一级标准包括新鲜、干净，色泽上乘，口感脆嫩；没有病斑和虫眼，植株长势好；长度为40厘米。

（2）二级标准　蕹菜的二级标准包括新鲜、干净，色泽上乘，口感脆嫩；下方的叶片可以有少量的虫眼；植株的长度为20~40厘米。

（3）三级标准　叶片可有虫眼和病斑；其他不能满足一级和二级要求。

3. 包装规格　蕹菜的包装规格根据市场需求制定。

（二）无公害苋菜的产品分级标准

1. 商品性状　苋菜的基本要求包括没有黄叶、老叶，不会抽薹，具备本品种的基础性状，具有一定的商品价值。

2. 分级标准

（1）一级标准　苋菜的一级标准包括新鲜、干净，色泽上乘，口感脆嫩；叶片没有病斑和虫眼，植株长势好；植株长度在25~30厘米。

（2）二级标准　苋菜的二级标准包括新鲜、干净，色泽较好，口感脆嫩；下方的叶片可以有少量的虫眼；植株长度在25~35厘米之间。

（3）三级标准　苋菜的三级标准包括叶片可以有虫眼和病斑；其他条件不能满足一级和二级标准。

三、标准化生产的包装和运输

（一）生产标准化产品的包装种类

蔬菜的运输、贮藏和包装条件息息相关，良好的包装可以提高和保持蔬菜的商品价值，方便运输和贮藏，减少损失，延长贮藏时间，如果不进行包装，商品的优良性质很难得到保存。蔬菜在进行包装前一般都要进行相关的分级处理，由于供食部位和供食方式不同，成熟标准不同，因此没有固定而统一的规格标准，只能按其蔬菜各自的品质要求从而制定个别的标准。蔬菜一般会根据其大小、重量、形状、颜色、清洁程度、成熟程度、新鲜程度以及病虫害感染、机械损伤情况进行分级。分级后的蔬菜减少了浪费，优质优价，对产品的包装、运输和贮藏十分方便。蔬菜包装的容器既可以容纳蔬菜，又可以保护蔬菜，适用于包装蔬菜的容器的材料一般质地轻而坚固，没有异味。同时，容器要求大小合适，便于搬运和放置，同时内部光滑整齐，不会造成蔬菜的损伤。包装蔬菜的容器材料一般是由麻、草、蒲编制而成的袋子，竹篾、柳条或者铁丝编制而成的篓筐，和木板、条板、胶合板、纤维板以及瓦楞纸板做成的箱子。其中，木箱的优点是弹力大、耐压，质量好，不过成本较高，纤维板或者纸板成本低、重量轻，但是在潮湿的环境中容易吸水而变得不结实，而且也不适合在贮藏库中过高地堆积。塑料薄膜袋是新兴包装材料，它可以改变袋子中的气体成分，降低氧气含量，增加二

氧化碳含量，便于蔬菜的贮藏。

1. 贮运外包装　蔬菜产品的外包装要求能够抗压、防水，其材料有筐、木箱、瓦楞纸箱和泡沫塑料袋等。瓦楞纸箱是最常用的外包装物，其抗压强度根据纸张克数、瓦楞距离和纸箱的形状不同而有差异。从外观形状方面看，瓦楞纸箱的周边越长，其抗压强度越弱；在周边等长的前提下，纸箱纵长和横长的比例为5：3的时候，其抗压强度最大。

2. 销售包装　蔬菜产品的销售包装可以延长货架的寿命，同时可以美化商品，目前，我国主要的销售包装材料有塑袋和塑膜，部分会采用收缩膜进行包装。

产品的内包装的主要作用是尽量避免产品因振动或者碰撞造成的损伤，同时可以保持蔬菜产品周围小环境的温度和湿度。一般产品内包装材料有衬垫、铺垫、浅盘，各种塑料包装纸、包装膜和塑料盒等。

塑料薄膜，如聚乙烯、聚氯乙烯等，可以帮助蔬菜产品保持湿度、防止水分的流失，同时，蔬菜产品本身呼吸作用可以自发地在包装内形成高二氧化碳、低氧气的气调环境。不过，由于蔬菜产品的品种和种类不同，其呼吸强度和最适合的气体成分也不同，同时，塑料薄膜包装阻碍了产品代谢中有害气体，如乙烯、乙醛等的散发，因此并不适用于所有的蔬菜产品，必须进行严格的选择，最大限度地符合和满足产品贮藏和运输时所需要的气体成分比例。

3. 包装容器尺寸的选择　产品包装容器的尺寸一般与装载和贮藏最有效容积有关。

美国、俄罗斯等国一般采用托盘，同时使用机械操作来节省劳动力。这种托盘的尺寸有100~120厘米和80~120厘米两种，托盘上几个包装箱的尺寸与托盘相容，同时托盘的面积也与贮藏库的面积搭配得当，使其最大面积地得到利用，同时不影响铲车的正常工作。

在进行托盘包装的时候，叉车的倾斜度要求不超过150°，同时包装箱上下层之间应该牢固地结合在一起。

托盘上包装箱的尺寸有60厘米×20厘米、40厘米×30厘米、120厘米×10厘米和20厘米×60厘米等，一般经常被使用的箱子为40厘米×30厘米、60厘米×30厘米以及50厘米×40厘米的尺寸，其中包装箱的高度和蔬菜产品的种类有关，如易碎的多汁蔬果，其包装箱应低些。

包装时也要考虑箱子的最大深度，如洋葱、甘蓝、马铃薯在进行包装时其深度都应小于100厘米，而顶红期的番茄包装时其深度要小于40厘米。

包装和包装物的重量应根据产品种类、操作方式以及是否便于搬运来确定。

（二）生产标准化产品的运输

蔬菜采收后，需要从田间运输到贮藏地或者收购站，从农村运输到城市，甚至地区间互相调换。适合从城郊蔬菜产地到市区的短途运输多使用卡车、拖拉机，也有少部分使用板车。地区之前的运输时多采用汽车、轮船或者火车的方式。汽车运输的优点是装卸灵活、速度快，适用于城乡调运，缺点是装载量少，遇到路况不好，泥泞雨天，容易颠簸，造成蔬菜受损，变质。水路运输的优点是装载量大，运输平稳，运费低，铁路运输的优点是装载量大，速度快，运费较低，适合长距离运输，缺点是管理不当蔬菜容易出现问题。这几年蔬菜空运也发展起来，空运虽然成本比较高，但是速度最快，可以保证蔬菜的新鲜品质和营养成分，比较有发展前途。

除了温度、湿度和空气组成会影响贮藏环境，引起蔬菜生理变化，振动也会通过切断植物组织或者造成蔬菜部分受损等方式改变蔬菜的生理变化。即使振动不会引起蔬菜外伤，也会造成蔬菜呼吸强度的上升，虽然小的振动一般不会损伤产品，但频繁的振动可以使蔬菜产品硬度降低，振动越大，造成损伤的可能性就越大。蔬菜原本可以抵抗一些冲击，但是在包装和运输的时候，因多种因素相互影响，其抵抗能力也会降低，因此在实际运输过程中，蔬菜抵抗加速度的能力和蔬菜的品种、栽培条件、成熟度、包装状况以及运输方式都有关联。

第二节 蔬菜标准化生产的贮藏

一、简易贮藏

简易贮藏是指不用复杂的工艺和设备，因地制宜贮藏瓜菜的传统方式，主要是堆藏、埋藏、窖藏三种基本形式和由此延伸的假植贮藏和冻藏。

（一）堆藏

适宜堆藏的蔬菜有大白菜、根菜类、地下茎菜类和部分果菜类。

1. 浅坑堆藏　在田间地势高燥处，挖一浅坑将蔬菜码入坑内，上面用作物秸秆覆盖，其厚度随气温降低而增加，两侧隔开一条排水沟，以防雨、雪水流入坑内。

2. 地面堆藏　选择地势较高的地方，地面用秸秆、稻草等铺垫，以防底部过分潮湿而导致蔬菜腐烂。按一定的排列方式将蔬菜堆垛，垛的大小可根据实际情况灵活掌握，小垛可堆成实心，大垛可堆成空心，以使通风。堆垛要稳固，以防倒垛。堆好后，上面用作物秸秆覆盖保护。

3. 散堆　此方法多用于室内贮藏，因为室内有墙壁围护，不致过分摊散。散零堆场所应该通风阴凉。堆的大小要适当，一般贮藏条件好的堆可稍大，否则堆可稍小；环境温度高时堆可稍小，温度低时堆可稍大；蔬菜个体大，则堆的孔隙度也大，堆可稍大，蔬菜个体小则堆的孔隙度也小，堆也稍小；蔬菜质地比较坚硬的或弹性比较大的，可堆得稍高些，质地比较脆嫩或柔软的可堆得稍低些。

大堆贮藏时，应设置若干通风装置，最简单的是用高粱秆捆成小捆插入堆中，便于堆中空气流通，及时散发热量。

散堆地如无返潮现象，可不加铺垫。温暖地区和季节，表面也不必覆盖，但气温下降时应改变贮藏方式和覆盖保温。平时应注意堆内温度变化，并及时翻堆散热。

4. 围垛　在室内和场院荫棚下均可。有两种方法：一种是直接用蔬菜摞成一定形状，如圆锥形、圆台形、空心圆台形、长方形等；另一种是先将一部分蔬菜装袋或装筐，筑成“围墙”，然后再将其余部分散堆在里面。前一种方法适合于个体较大的蔬菜，如大白菜、冬瓜、南瓜等；后一种方法适宜于个体较小蔬菜，如马铃薯等。

围垛贮藏也要及时翻倒，通风散热，外界气温降低时也要覆盖保温以防受冻。

（二）埋藏

埋藏是将菜放入事先挖好的贮藏坑内，以秸秆和泥土覆盖，达到保鲜的目的。埋藏和浅坑堆藏的区别，在于覆盖物不同，习惯上把覆土叫埋藏；不覆土叫堆藏。埋藏实际是一种地下式贮藏方式，它大大减少了外界环境等因素对蔬菜的影响；低温季节能保持比较适宜的温湿度条件；另外通过蔬菜的呼吸作用，创造一个自发气调环境，有利于贮藏。这种方法适用于根菜类蔬菜贮藏，应用比较普遍。

1. 深埋藏　在地势高燥处挖坑，坑的宽度和深度可根据各地气温、土质和蔬菜本身对温度的要求而定，坑的长度以蔬菜的多少而定。一般华中、华东坑深0.6~1.0米，北京1.0~1.2米，华北北部1.2~1.5米；坑宽1~1.5米。坑底不加铺垫，可将蔬菜根部朝下，摆码整齐，摆满一层，覆一层土。如果坑的容积较大，可用高粱秆捆成小捆，在蔬菜摆码时插入其间，上端露出地面，以利通风散热。摆好后，上面先覆盖一层薄土，随着气温降低，覆土逐渐加厚，以寒冷季节不被冻透为度。

2. 浅埋藏　坑深为深埋的一半左右，可采用半地下式，适于比较温暖的地区和短期贮藏。其覆土均应高出地面呈拱形，两侧开排水沟，以防积水。

3. 垒坑埋藏　在室内，用砖石泥土砌成贮藏池，自然干燥。在贮藏池的底部铺垫沙土，将蔬菜按照深埋藏的方法，整齐地摆入池中，一层蔬菜一层土，摆好后，上面用沙土覆盖。

（三）窖藏

菜窖多为地下式或半地下式，主要是利用地下温湿度较恒定的原理，创造一个比较稳定的贮藏环境。窖藏比埋藏易于检查和管理，适于多种蔬菜贮藏，常见的窖藏形式主要有窑窖、井窖、棚窖、地下室和防空洞等。

1. 窑窖　窑窖在我国西北地区广泛应用。是利用山坡挖窑洞（可大可小），蔬菜收获后放入其中进行贮藏。窑洞有喇叭式浅窑、双曲拱顶深窑等。

2. 井窖　选择土质坚硬、地势高燥的地方，先从地面垂直下挖成井筒，底部向外扩展成两三个贮藏室，其扩展深度视土质坚硬程度而定，一定要保证安全，严防塌方，井筒口要用砖砌成，高出地面并加盖，四周封土，以防雨水灌入窖内。

3. 棚窖　根据棚窖入土深浅不同，可分为地下式棚窖和半地下式棚窖两种类型。

（1）地下式棚窖　其主体深入地下，唯窖顶高于地面，保温性能好，适于寒冷北方的冬菜贮藏，但要求地下水位要低并防窖内温度过高。

建窖时，可根据气候、土质、建筑材料、种类和贮藏量等因素，挖大小适宜的长方形坑池。其入土深度一般要求3米左右，宽度2~3米，长度10~25米不等。

窖顶棚盖材料最好就地取材，以降低成本，秸秆、泥土层厚度要因气候条件而定，一般北京地区25厘米左右，沈阳40厘米左右，再往北可加厚到50厘米，以保证窖内温度适宜，蔬菜不受冻为准。

棚顶要留天窗，作为进出和通风散热通道。其数量和大小因气候条件不同灵活掌握，一般天窗大小为50~70厘米见方，沿窖长每3~4米留一个。也可多留天窗，以便前期通风降温；天冷时再堵严几个。

大型棚窖往往在一端或两端开设窖门，以便进菜和前期通风散热，外界气温下降后，也可以堵严门，改走天窗。

(2) 半地下式棚窖　窖坑深1~1.5米，挖出的土主要堆在坑池四周筑成土墙，高出地面1.5米左右，加棚顶即成半地下式棚窖，天窗、窖门等可参考地下式建造。如果土质不好，不宜打成土墙，地上部分可用砖块砌成，然后用土堆封；或在窖壁两侧每隔2~3米加立柱一根，与在两侧地上部靠近地面处每隔2~3米处留一个气孔，天冷时堵死，这种棚窖入土浅，保温性能较差，适合气候比较温暖的地区或地下水位较高的地区。

4. 冰窖　冰窖是采用人工降温的方法，获得蔬菜安全贮藏所需低温的一种传统技术。冰窖多采用天然冰，降温原理很简单。1千克水在0℃结冰时，要释放出334.7千焦的热量；同样1千克冰在0℃融化成水时，吸收等量的热，贮藏窖内置放冰块，产品散发出来的热量便被冰块融化时吸收。一般可维持2~3℃的低温，如果要求更低的温度，可采用氯化钠（食盐）或氯化钙的办法，制成熔点低的冰块。

冰窖一般为地下式，以减少外界气温的影响，简易冰窖可按地下式棚窖建窖，但需要注意窖端牢固，排水方便；永久性冰窖可参照地下室的建造方式施工。

冰窖适于东北、华北和西北地区夏、秋贮藏蔬菜之用，冬季采集天然冰贮于窖内，使用前将冰块摆放在窖底和四壁，码好蔬菜，菜捆或包装之间要填满碎冰。冰、菜分层叠放的，要防止渍水和把产品压坏。适宜冰窖贮藏的产品很多，如蒜薹、茄子、黄瓜、番茄等。

（四）其他简易贮藏

1. 假植贮藏　假植贮藏是将连根收获的蔬菜，单株或成簇密集假植于浅沟或窖内，使其在微弱的生长状态下保持正常代谢过程的贮藏方法。

假植贮藏的一般方法是，先挖好假植沟，沟宽1~1.5米，深度要超过假植蔬菜的高度，然后从沟的一端开始，横向挖浅沟，将蔬菜根朝下一行行密集排列整齐，基部用湿土埋好，中上部不埋土，留出通风空隙。沟口横搭树枝、竹竿，再用作物秸秆作稀疏覆盖，以便透入散射光，维持微弱的光合作用。土壤干燥时，应分次灌水，以增加土壤湿度，便于根系吸收，补充蔬菜蒸腾失水；灌水还有助于降低温度。

假植贮藏对于芹菜、油菜、花椰菜、莴苣、水萝卜等容易蒸腾萎蔫的蔬菜可保水保鲜，延长贮期。

这种方法保温性能差，一般不作为越冬贮藏手段。北方用此法贮藏冬菜时，则要按深埋法挖沟，并加厚覆盖层，保证沟内土壤不结冻。

2. 冻藏　冻藏多见于北方，是一种上冻时把蔬菜置于背阴处浅沟内（稍加覆盖）利用自然低温使其迅速冻结，并保持冻结状态的贮藏方法，适于菠菜、芹菜等耐寒绿叶蔬菜。

贮藏要求蔬菜冻结速度愈快愈好，因此除沟要浅（超过蔬菜高度即可）、覆盖物要少，还要做到以下两点。

（1）要设荫障　这样可以避免阳光直射，冬季冻结快，翌春开化慢，贮藏期长。

（2）冻藏沟要窄　一般30~50厘米为宜，过宽时蔬菜本身的呼吸热不易排出，冻结速度慢。因此，沟宽超过100厘米时，要在沟底设通风道，以便散热降温，保持稳定的冻结状态。

3. 棚架贮藏　棚架贮藏是一种十分简便的贮藏方法，用竹木材料搭成一定形状的菜架，然后将菜置于其上即可，这种方法最大优点是能够多层摆放，充分利用空间，易于通风散热，便于管理，多

结合棚窖、通风库等贮藏形式使用。

棚架可设于室内，也可设于室外。室内要便于通风，室外应避光，并能防风、防雨。

二、气调贮藏

气调贮藏大致可分为三类：自然降氧贮藏、人工气调贮藏和硅胶窗气调贮藏。

习惯上，把人工气调贮藏简称为气调贮藏。气调结合冷藏，能够抑制蔬菜的呼吸强度和乙烯合成，延长贮藏保鲜期，是当前国际上现代化的贮藏方法。

（一）自然降氧贮藏

自然降氧贮藏是在密封条件下，通过蔬菜自身的呼吸作用消耗环境中的氧气并释放出二氧化碳气体，造成贮藏环境的低氧、高二氧化碳状态，抑制蔬菜的呼吸代谢和真菌细菌生长，达到安全贮藏的一种方法。

这种方法不需要复杂的设备，成本低，使用方便，还可在运输过程中应用。

自然降氧贮藏需使用密封包装，并利用密封材料对水蒸气和其他气体的阻隔作用，抑制蔬菜贮藏期间水分的蒸腾和呼吸。自然降氧的关键是密封，密封材料主要是聚氯乙烯塑料薄膜。

厚度的选择一般在 0.1 毫米以上，此外也可用尼龙、聚乙烯薄膜及其他复合薄膜，选用时以透气性和透水性小为原则。

在贮藏前，先用高频热合机将塑料薄膜黏合成一定大小的塑料薄膜帐幕，查漏后，即可使用。

全密封帐幕可将蔬菜装入后封口；不完全密封的帐幕则先将蔬菜堆码好，然后罩起，底部用泥土或砖块压实。

自然降氧如果能配以适当的低温或在冷藏库中应用，其效果会显著提高。

长期自然缺氧贮藏时，由于蔬菜的呼吸作用造成二氧化碳积累，为解决这个问题，可在薄膜上打孔，打孔的多少和孔径的大小，要根据当时贮藏环境中气体成分而定，以不使二氧化碳大量积累为度。

（二）人工气调贮藏

气调贮藏主要是密封和调气两个方面。调气就是创造适宜的气体贮藏环境，密封在于隔绝外界空气，对贮藏气体环境的干扰破坏。

气调贮藏与自然降氧贮藏不同，它不仅要人为地降低贮藏环境中氧气的浓度，还要提高二氧化碳气体的浓度，并维持两种气体浓度在一个固定的水平上，根据贮藏环境的温度条件，气调贮藏可分为常温气调贮藏和冷库气调贮藏两类。

1. *常温气调贮藏* 常温气调即先将蔬菜在普通贮藏库中堆码好(装筐或装箱)，再用塑料薄膜帐幕密封贮藏。帐幕上方装一个充气袖口，下部装一个抽气袖口，中间设一取样气嘴。

这种气调贮藏主要靠蔬菜的呼吸作用消耗的氧气和放出的二氧化碳，来改变贮藏环境中的气体成分。

控制气体的平衡，可用氮气发生器由充气口充入氮气，以降低氧气的相对浓度。

当帐幕内的二氧化碳气体浓度过高，足以对贮藏蔬菜造成危害时，则由底部抽气孔将气体抽出并净化，使其降低所要求的浓度。

常温气调的蔬菜堆垛不要太密集，筐与筐之间和箱与箱之间要留有空隙；每堆不宜太大，一般根据蔬菜的种类、品种、呼吸强度

和贮藏时间而定；需长期贮藏的菜堆宜小，需不断开垛检查的菜堆也宜小；呼吸强度小的蔬菜，码垛可适当大些。

2. 冷库气调贮藏　利用气调冷库贮藏蔬菜是近年来发展起来的一项新技术，它的生产效率和经营效果都比较好。

气调冷库是在冷库内进行气体调节，既有适宜的低温，又有合理的气体成分，从而达到安全贮藏的目的。因此要在一般贮藏库中装置气调设备，如氮气发生器、二氧化碳洗涤器以及其他辅助装置等。

还有一种循环式气调冷库，它是将库内的空气引入燃烧的装置内，使氧气变成二氧化碳气体；当库内二氧化碳气体超过所需的浓度时，由二氧化碳洗涤器将其净化；当氧气达到所需浓度时，停止燃烧，这种方式降低氧气和提高二氧化碳浓度的速度较快，冷藏期间可以检查，但费用较高。

(1) 氮气发生系统　常用的氮气发生器又叫氧气转化器，其工作原理是贮藏库中的空气被抽出，与燃烧罐中放出的燃料气混合，混合气体通过热交换器预热，然后进入燃烧室，与催化剂接触，并进行无焰燃烧，燃烧过程中放出二氧化碳和氢。氮基本上不参加反应。

燃烧时释放的热量，一部分在热交换器中传入空气及丙烷混合气体，其余部分在冷却器中与水直接接触而冷却，燃烧后的空气中氧气浓度很低，剩下的是以二氧化碳和氮为主的气体，这种空气被重新送回贮藏库中，就改变了原来空气的组成成分。

(2) 气体净化系统　常用的二氧化碳洗涤器，以消石灰、活性炭、碳酸钠等固体吸收剂吸收二氧化碳。

(3) 其他设备　气调冷库需设有制冷系统、气体循环系统、温湿度调节系统、气压袋或调气囊，并配备温湿度、氧和二氧化碳检测仪器等。

(三) 硅橡胶窗气调贮藏

硅橡胶气调是利用硅橡胶的透气性自动调节贮藏环境中的气体贮存，不必再由人工调节，它比人工气调贮藏工艺简单。也不需要复杂的设备，比较经济。硅橡胶是一种高分子聚合物，具有独特的透气性。

它比一般聚乙烯和聚氯乙烯透气性大100~400倍，透过二氧化碳的量比透过氧的量大6~8倍，比透过氮的量大12倍左右；对乙烯和一些芳香物质也有较大的透性，其透过速度是氧的2~3倍，是氮的5倍左右。

利用硅橡胶的这一特性，在聚乙烯和聚氯乙烯塑料薄膜帐上镶嵌硅橡胶薄膜，用来密闭贮藏蔬菜，就可以使贮藏环境中气体组成的比例得到改善。

国外也有把硅橡胶窗直接镶嵌在气体库墙壁的做法。贮藏蔬菜的种类不同，所需各种气体的浓度也不同。为此，可以通过改变硅橡胶窗的面积来调节帐内气体组成的比例，使其符合贮藏要求。

硅窗气调贮藏，可将蔬菜装箱，或按一定形式堆码在垫板上，用镶嵌有硅橡胶窗的聚氯乙烯塑料薄膜帐密封。在帐幕上开一个小孔，用以平衡帐幕内的压力，一般500千克的贮藏物，可开直径3毫米左右的小孔。贮藏1吨番茄用国产压延硅橡胶膜（0.1毫米厚）的面积是：在10~13℃时为0.5~0.7平方米；22~26℃时为1.5~2.3平方米。

三、通风库贮藏

通风库是利用空气对流原理，引进外界冷空气降温，因此，保温和降温性能好。

（一）库形设计

通风库有地下式、半地下式和地上式三种类型。地下式保温性能好，但通风效果较差，适于北方寒冷地区；地上式受气温影响较大，保温性能较差，但利于空气自然对流，通风降温效果较好，适于较温暖地区；半地下式介于两者之间。

1. 选择库址　库址要求地势高燥，交通方便，靠近产销地点，尽量减少贮运损失；库位以南北走向较好，以减少冬季寒冷风侵袭和阳光进射的影响。

2. 确定结构　结构分单库和群库。

单库一般长 30~50 米，宽 5~12 米，面积 250~400 平方米，库内不设立柱，高 3.5~4.5 米。

群库是若干个单库按一定排列形式相互联系的仓库群体，贮藏量大，便于集中管理。

库群中库房排列形式有分列式和联结式两种。

分列式是一排排南北走向的库房中央位置，用东西走向的共用走廊相互串联成为一个整体。每排库房都在各自的侧墙基部开若干通风口，库顶设天窗；共用走廊宽 6~8 米，两端设双重大门，顶部设气窗。通风效果好，但建筑成本高，占地面积大。

联结式平面位置和共用走廊设计与分列式相同，但相邻库相互靠接，共用一道侧墙，大大节约了建筑工料和占地面积。

3. 库容设计　一般以吨为单位。库容设计要根据贮藏方式、单位面积的贮藏量、库房有效利用面积等因素进行计算。

贮藏方式有架藏、分层柜藏，装筐码成通风花垛、散堆等多种。不同的贮藏方式，单位面积的贮藏量也不同。

库房有效利用面积指扣除走道、通风隙道等之后可供贮藏蔬菜的库底面积。有效利用面积占库房使用面积的百分率称为库房面积利用率，一般按75%计算。

单位容重指每立方米蔬菜的重量（吨)，如果贮藏方式相同，容重愈大的蔬菜，单位面积的贮藏量也愈大。

（二）通风系统

通风系统的设计是通风量和通风面积的计算、进排气孔的构造和配置。一般通风量越大降温越好，通风时决定于进排气口的构造和配置方法。

1. 通风量通风面积的计算　通风量的设计，应以满足秋季蔬菜入库后的最大通风量为原则。根据每天应从库内排出的总热量（日排热量）和每立方米空气能带走的热量（携量)，计算出的每天应进（出）库的空气总体积。通风面积应根据日通风量、通风口的风速与面积、日通风时间进行计算。

(1) 日排热量计算　每天应从库内排出的总热量，就是田间热、呼吸热、外界传入热和其他热源等项的总和。

日排热量=田间热+呼吸热+传入热+其他热源

田间热就是产品从入库温度下降到贮藏温度所放出的热量。

田间热=产品热比（千焦/千克）×（入库温度-贮藏温度）×产品重量（千克）

蔬菜产品热比 0.8～0.9 千焦/千克，一般与其含水量的数值相

接近。

呼吸热指 1 吨产品，一昼夜内呼吸所释放出来的热量（千焦），一般可按呼吸强度计算。

呼吸热=256.22 千焦×呼吸强度

式中的 256.22 为换算系数，呼吸强度为二氧化碳毫克/（千克·小时）。

因为呼吸强度与温度有关，因此不同库温下产品的呼吸热是不一样的。

传导热也叫漏热，指外界温度高于库温时，外界温度通过库体暴露部分（主要是库顶、库墙和门窗）以热传导的形式一昼夜进入库内热量的总和。

$Q = 24K1/D(T_1 - T_2) \times S$

式中：Q—— 计算部分的传入热(千焦)；

$K1$—— 建筑材料的导热系数[（千焦／平方米·米·时·℃）]；

D—— 建筑材料的厚度(米)；

T_1——外界温度（℃）；

T_2——库内温度（℃）；

S——计算面积（平方米）；

24——换算系数（24 小时）。

其他热源主要指工作人员、照明灯、机械动力放出的热量。其中工作人员可按每人每小时 836 千焦计算，照明灯可按每 100 瓦每小时 359.5 千焦计算，机械动力可按每马力每小时 2645.9 千焦计算，或按每千瓦小时 3594.8 千焦计算。

（2）携热量计算　单位体积空气的携热量指 1 米^3 空气流经贮藏库时所带走库内的热量（千焦/米^2）。

携热量=（出库空气含热量-进库空气含热量）×进库空气容重

进、出库的含热量的单位为千焦/千克；进、出库空气的容重的单位为千克/立方米。

湿空气与干空气容重的差异，在携热量计算中可忽略不计，因此不同相对湿度下空气的容重一样。

(3) 通风量计算　日排热量（千焦）除以单位体积空气的携热量（千焦/米^3）就是每天要求的总通风量。

日通风量=日排热量/携热量

需要按每天实际通风时数计算通风量时，即

小时通风量（立方米）=日通风量（立方米）/日通风时数

(4) 通风面积计算　通风面积指进气口和排气口面积的总和。实际设计时，进、排气口面积应该相等，因此进气口面积的2倍便是总通风面积，即

进气口面积（平方米）=小时通风量（立方米）/（风速×3600秒）

上式中的风速，不是外界空气流动的速度，而是外界空气经进气口时的速度。

通风面积=进气口面积×2

进气口风速与外界风速有一定对应的关系，但主要是由进、排气口的构造和配置方式来决定。

北方一般蔬菜，每50吨产品的通风面积不应少于0.5平方米。

2. 气口的配置　进、排气口设计的目的是提高进气口的风速，加快库内空气对流，秋季蔬菜入库后能尽快使库温降低到适宜贮藏温度。

实践证明，总通风面积不变时，气口小而多比气口大而少具有较好的通风效果。因此，配置原则应该是每个气口的面积不宜过大，气口总数不宜过少，而且要配置均匀，消除通风死角。

一般气口面积以25厘米×25厘米和40厘米×40厘米、间隔5~6米为宜。

（三）绝缘结构

为了减少外界气温随季节变化的影响，维持库内稳定的贮藏适温，就要求库体暴露部分具有良好的隔热保温作用，这就是绝缘结构设计的任务。

绝缘结构设计主要是选适宜的绝缘材料、计算绝缘层的厚度和合理的建筑结构及绝缘层防水等。

四、机械制冷贮藏

机械制冷贮藏简称冷藏，是利用制冷机降低贮藏环境的温度，使其符合蔬菜保鲜条件，实现安全贮藏的一种比较先进的贮藏方式。

机械制冷的特点是可以得到较低的温度，并能根据需要灵活调节温湿度和气流，操作方便，但投资大，成本高。其设计和建造要由专业人员进行。其冷藏管理如下：

（一）预冷

预冷是蔬菜进入冷库贮藏之前的一道工序，预冷的目的是基本排出产品的田间热，使其降温到冷藏温度，以减轻冷凝系统的负荷，避免产品入库时库内温度产生较大的波动。预冷可以分为两步：第一步是在库外预冷，第二步是在库内预冷间预冷。

对于长期贮藏的蔬菜，应在收获后就地进行冷却，一般是将蔬菜摊晾在避光、通风处，或利用夜间冷空气降温，然后将处于冷却状态下的蔬菜运到冷库的预冷间进一步冷却。

当菜堆中心温度接近冷藏温度时，即完成预冷。

（二）冷藏

冷藏温度可通过制冷剂在蒸发系统中的流量和汽化速度来控制。调整到贮藏适温后，要保持恒定，不可过低、过高或上下波动，以免产品败坏。冷库内不同位置要分别放置准确的温度表或遥测温度计，以便及时掌握各部位的温度变化情况，保证温度分布均匀，避免过冷、过热，防止局部产品受冻。

冷库内的空气相对湿度，也要通过湿度仪表进行监测，并按照库内蔬菜的要求保持稳定状态。

湿度过高时，可在墙角放置一些吸湿剂（如氯化钙等）；湿度过低时可在地面洒水或喷雾，但要避免产品表面积留余水，以防滋生真菌。

冷库通风系统应在设计施工中解决。不设气调装置的普通冷库一般采用自然循环方式保证空气流通。

但空气流速不宜过大，通风次数不宜过长，以免库温波动。库内蔬菜堆码方式要得当，不要阻挡空气流通，以免造成死角。

具有强烈气味的蔬菜，如洋葱、蒜苗等应单独贮藏，以免影响其他蔬菜的风味。

蔬菜冷藏期间应定期进行检查，做好管理工作，保证安全贮藏。

（三）出库

高温季节蔬菜出库时，要先行升温，缩小库温与外界气温的差值，防止蔬菜表面结露。升温可将蔬菜移入预冷间、升温间或走廊中，保证菜堆间空气流通。

升温不要太快，开始升温时可比冷藏温度稍高（2~3.5℃），相对

湿度稍低（75%~80%）；隔一段时间再升温，逐渐接近外界温度。

五、其他贮藏方式

随着科学技术的发展，蔬菜贮藏方式的处理技术也在不断改革和创新，如减压贮藏、化学处理、辐射处理及电场、磁场处理等。

这些方法有的尚处于试验阶段，有的则与其他贮藏方法结合使用，以提高贮藏的效果。

（一）化学处理

化学处理主要有两个方面：一是化学防腐剂的使用，以抑制真菌和其他有害微生物的活动；二是激素类的应用，主要是通过调节蔬菜本身的生理机能，抑制发芽，延缓后熟，延长保鲜期。

常用的激素类药剂有乙烯衍生物，如乙基-丙基磷酸盐、二氯乙基磷酸等；生长素，如顺丁烯二酸酰肼、萘乙酸等；激动素，如苄腺嘌呤。

顺丁烯二酸酰肼，能抑制蔬菜发芽，对组织细胞没有破坏作用。顺丁烯二酸酰肼的二乙醇胺盐（MH-30）和钠盐（MH-40）可以用来防止马铃薯和洋葱的发芽，苄腺嘌呤具有抑制蔬菜衰老的作用，用它处理花椰菜、萝卜、芹菜、莴苣、甘蓝等，可以使其贮藏延长。

（二）辐射处理

它是利用辐射源发出的射线对蔬菜进行照射，以抑制发芽，延缓后熟，延长其贮藏期。

1. 抑制发芽　马铃薯、洋葱、大蒜等蔬菜在收获后有一个休眠期；通过休眠后如果环境条件适宜，就很容易发芽，不利于贮藏。

马铃薯收获后有3个月的休眠期，在此期间用8～20千伦琴的^{60}钴射线对其进行照射，能够有效地抑制发芽，辐射后贮藏3个月，块茎色泽不变，品质良好。

使用5伦琴的辐射剂量对洋葱进行照射，对其发芽即产生良好的抑制效果。

大蒜的处理剂量在2千伦琴以上时即有明显地抑制发芽的效果；4千伦琴剂量处理效果更好；5千伦琴剂量处理大蒜，贮藏6个月后，不分瓣，不发芽，饱满，色泽正常，品质良好。

2. *延缓后熟* 有些蔬菜贮藏前使用^{60}钴射线进行辐射处理，能够有效地抑制呼吸，使其生理代谢维持在低水平上，延缓后熟，达到长期安全贮藏的目的。

用射线处理黄瓜，贮藏1个月后，其种子仍不发育，果肉较脆；而未处理的则明显衰老，梗端脱水变酸，完全失去食用价值。辐射蒜薹，也能明显地延长其贮藏期。

第三节 蔬菜标准化产品的加工

一、蔬菜罐头

罐头食品风味好，营养丰富，稳定性好，贮藏期较长，不仅可以满足人们日常生活的需要，而且是航海、勘探、军需等很好的食品。下面介绍几种瓜菜的罐头制作及贮藏方法。

（一）青刀豆

1. 原料要求　原料必须色泽深绿，肉质丰厚、脆嫩、无筋，荚呈圆形，最好在种子达到麦粒大小时采收。

2. 原料处理

（1）切端　将原料清洗后，用青刀豆切端机或手工切除刀豆两端蒂柄及尖细部分。

（2）挑选　将切端后的刀豆通过输送带或在工作台上进行人工挑选检查。将虫蛀、伤斑、老豆、畸形及切端不良等不合格豆拣出，并除去杂物等。

（3）浸盐水　将挑选过的豆荚于浓度为2.5%的食盐水中浸泡10~15分钟，以驱除豆荚中的虫。浸泡时盐水与豆荚的比例为2∶1。浸过盐水的豆荚要用清水淋洗1~2次。

（4）预煮　用温度100℃的沸水将豆荚预煮3~5分钟。若用夹层锅预煮时，水量以豆荚不露出水面为度。经预煮后的豆荚，要及时用冷水冷透。

3. 装罐　刀豆组织嫩，硬度适宜，无皱缩，色青绿或微黄绿。条装时长度7~11厘米，段装长度3.5~6厘米，同时罐中刀豆大小、色泽要基本一致。装好后注入浓度为2.3%~2.4%的盐水。

4. 排气、密封及杀菌　排气、密封时，罐中心温度为65~75℃。

杀菌公式：净重425~567克，$\frac{10\text{分钟}-25\text{分钟}-10\text{分钟}}{119℃}$

净重 850 克，$\frac{10\text{ 分钟}-30\text{ 分钟}}{119℃}$，反压冷却

(二) 青豌豆

1. 原料要求　原料应选择豆粒饱满、质地柔嫩、颜色鲜绿、糖分含量高、淀粉含量少、成熟度整齐、经杀菌处理后不变色或少变色的品种。豆荚采收后应立即加工。

2. 剥荚与分级　采用剥荚机或手工剥荚。操作过程中不要破伤豆粒，以免制罐后发生混浊。剥好的豆粒应除去豆荚或夹杂物等。然后按大小分为若干级，或用不同浓度的盐水进行比重分级。其标准如下：

第一级浮在 5. 5%盐水上面豆粒；第二级浮在 9. 5%盐水上面豆粒；第三级浮在 9. 5%盐水下面豆粒。浮在 3%盐水上面豆粒，不能用于制罐。

3. 热烫和挑选　热烫时按豆粒大小、比重来掌握时间，一般热烫温度为 85℃，时间 3~5 分钟。热烫后应立即冷却并进行挑选，选除黄粒、破碎、斑点、虫蛀及变色等不合乎标准的豆粒，并剔除杂质。

4. 装罐　经过挑选的豆粒需用清水淘洗一次后，才能按规定的重量装罐。装罐时要注意：不同大小的豆粒分开装。罐装好后，注入以相同重量的糖和盐配成浓度为 2%~3%的糖盐溶液。糖盐液事先必须加热过滤，注入时温度要求不低于 80℃。

5. 排气、密封和杀菌　排气、密封时，罐中心温度不低于 65℃。

杀菌公式：净重 284~425 克，$\frac{10\text{ 分钟}-35\text{ 分钟}-10\text{ 分钟}}{118℃}$

净重 822 克，$\frac{10\text{ 分钟}-45\text{ 分钟}}{118℃}$，反压冷却

(三) 清水笋

1. 原料要求　选择笋肉厚、表面干、细嫩而无明显粗纤维的竹笋为原料。

2. 原料处理

(1) 切根剥壳　切去笋根基部粗老部分，再用刀纵向划破笋壳，不伤笋肉，剥去外壳，保留笋尖和嫩衣。

(2) 预煮和漂洗　将去根剥壳的笋入锅用沸水煮40~80分钟，以笋煮透为度。然后立即以流动冷水冷却，再用盐酸将漂洗水的pH调到4.2~4.5，漂洗16~24小时。

(3) 修正与复煮　漂洗后的竹笋要进行修正，切除笋根基部粗老纤维，以线弓弹去笋衣和基部节间绒毛，并削除伤烂斑点。然后再用沸水煮10~20分钟。煮完以流动冷水漂洗一次，除去白浊物及苦味。

3. 装罐　装罐可有多种形状：一是整只装，即保留笋节、根点和笋尖，形状完整，修削良好，大小均匀；二是统装级，即形状可以不完整和纵剖保持1/2者，保留笋节和根点，不同形状可混装；三是块装品，即块段长7.5~10厘米；四是片装品，即片长4.5~5厘米，宽约2厘米，厚0.2~0.4毫米。按重量装好罐后，注入沸水，加0.05%~0.08%柠檬酸，注入罐内温度不低于85℃。

4. 排气、密封及杀菌　排气、密封时，罐中心温度70~80℃。

杀菌公式：净重540克，$\frac{10\text{分钟}-35\text{分钟}-10\text{分钟}}{116℃}$

净重800克，$\frac{10\text{分钟}-40\text{分钟}-10\text{分钟}}{116℃}$

(四) 整形番茄

1. 原料要求　要求果实呈鲜红色，并全部着色，果型中等大小，果面平滑无凹痕，无青肩；果肉坚实、丰满，种子腔小，大小均匀，成熟度一致；番茄红素、固形物及果胶含量高，酸度适宜。

2. 原料处理　分级：选除成熟度过高或不足、病虫害、斑疤、伤烂等不合格的果实后，按照果实的大小进行分组分级。

(1) 洗涤　用清水将番茄表面的尘土、泥沙等洗净。

挖蒂：用小刀仔细挖取果实蒂柄，以取净果蒂为度，不可挖入太深，籽不能外流。

(2) 热烫取皮　将果实置于95~98℃的热水中，烫漂30~60秒钟，以表皮开裂、容易脱落为度，然后迅速取出，放入流动冷水中冷却，并用手剥去外皮。

硬化处理：将取皮的番茄浸于浓度为0.5%的氯化钙溶液中10分钟，然后洗净装罐。

3. 装罐　选完整果实，按照色泽和大小不同分别装罐，同罐中色泽、大小要均匀一致。装完罐后立即注入温度为75℃的2%热盐水，或者加注温度为75℃，含盐量2%的番茄汁。

4. 排气、密封及杀菌　排气、密封时，罐中心温度70~75℃。

杀菌公式：净重425克，$\frac{\text{5分钟-30分钟-5分钟}}{\text{105℃}}$

净重850克，$\frac{\text{5分钟-40分钟-5分钟}}{\text{100℃}}$

(五) 番茄酱

1. 原料要求　选择充分成熟、色泽鲜红、果肉肥厚多汁、含较

高糖分和干物质、没有腐烂及病虫害的果实为原料。以圆球形番茄较好。

2. 原料处理

(1) 洗涤和修整 用清水冲洗掉果实表面粘有的微生物和泥土等，然后用刀削除番茄果蒂及绿色部分，并除去腐烂和斑疤部分。

(2) 热烫 将修整过的番茄在沸水中热烫2~3分钟，以杀灭附着在果实表面而没有被洗掉的微生物。

(3) 打浆 将热烫后的番茄置于打浆机中将果肉打碎，同时通过打浆机筛板除去果皮、种子与纤维等。打浆机以双层筛板较好，第一道筛孔直径为1.0~1.2毫米，第二道筛孔直径为0.8毫米。打浆后及时浓缩，不宜超过20分钟。

3. 浓缩 浓缩时可采用开口蒸发，用铜锅、铝锅均可，但不能用普通铁锅。若用真空浓缩锅则质量更好。当浓缩至干物质含量达25%~30%时即可。

4. 装罐与杀菌 当番茄酱浓缩好后，若在接近沸点的温度时趁热装罐（或瓶），并立即密封，可以不进行杀菌。如装罐时酱温已降低到80~85℃时，装罐后仍需进行杀菌处理。

杀菌公式：净重198~425克，$\frac{5\text{分钟}-25\text{分钟}}{100℃}$

(六) 草莓酱

1. 原料要求 选用充分成熟的鲜果，其要有良好的色泽、风味和香味。草莓酱在所有果酱中是风味较佳的产品。

2. 原料处理　按原料标准验收后，要剔除不合格果实。将果子倒入水槽或盆内清洗1~3分钟，然后在流水槽中漂洗干净，漂去草、叶及杂质、蒂把、萼叶。把草莓装入盆或桶内，每个容器内装果20~30千克。为防止果实氧化变色，在果子上面加果实重量10%的白砂糖。

容器内的草莓应及时加工，常温存放不超过24小时，需短时贮藏时可入0℃冷库存放，最多存放3天。

3. 配料　草莓和砂糖之比为1∶1.4，柠檬酸占成品的0.24%~0.4%，果胶占成品的25%。

4. 溶化果胶　按果胶∶糖∶水=1∶5∶25的比例于夹层锅内搅拌加热，至果胶溶化为止。

5. 软化及浓缩　浓缩前后进行加热软化。软化的主要目的是：破坏酶的活性，防止变色；软化果肉组织，便于浓缩时糖液渗透；促使果肉组织中的果胶溶出一部分，有利于凝胶形成；蒸发一部分水分，缩短浓缩时间；排出原料组织中的气体，以得到无气泡的酱体。

软化时先将不锈钢夹层锅洗净，放入总糖量的1/3糖水，糖水浓度75%。同时倒入草莓，快速升温，软化约10分钟，再分两次加入余下的全部糖水，沸腾后可控制压力在1~2千克/厘米^2。同时不断搅拌，使上下层软化均匀。

待固形物在60%以上时，加入溶化的果胶溶液和用水化开的柠檬酸。要求出锅温度90~92℃，固形物66%~67%。

6. 装瓶及杀菌　空瓶经清洗消毒后，及时装入85℃以上的果酱至瓶口适当位置，要求半小时内装完一锅酱（300~500千克）。装酱后盖上用酒精消过毒的瓶盖，及时拧紧，检查后进行杀菌，95℃

的水内 5~10 分钟，然后用喷淋水及时将瓶中心温度冷却至 50℃以下。

（七）酸黄瓜

1. 原料要求　选用无刺或少刺品种，瓜条要求幼嫩直径 3~4 厘米，粗细均匀、顺直、无病虫害及伤烂处，色泽一致。

2. 原料处理

（1）清洗　将黄瓜上的泥沙等物冲洗干净后，在清水中浸泡 6~8 小时，以排出细胞间隙的空气，并保持果实脆嫩。泡后再仔细刷洗一次。

（2）切段　按所用罐的高低将黄瓜切段（以到罐颈处为度），每段要求顺直。如用小乳黄瓜可不切段。

（3）热烫　在 85~90℃水中热烫 1~2 分钟。

①小配料处理。胡椒、月桂叶、红辣椒、芥籽、茴香籽等剔除杂质，清水洗净备用。洋葱去皮后切成小条状。

②香料水配制。取洋葱 3.6 千克、红辣椒 0.2 千克、莳萝籽 0.4 千克，混合后加水 20 千克，煮沸 30 分钟，过滤调整至总量 20 千克备用。

3. 填充液配制　精盐 5 千克、砂糖 5.5 千克、香料水 20 千克、冰醋酸 1.9 千克、沸水约 90 千克。先将盐糖以沸水溶解过滤，再加入香料水、冰醋酸过滤，调至总量 120 千克。

4. 装罐　装罐时按罐的容积大小，以规定的比例装入各种材料。如净重 750 克罐，装黄瓜 450 克、胡椒 2 粒、月桂叶半片、芥籽 7 克、洋葱 13 克、填充液 280 克。填充液温度 90℃以上。装罐时先将配料装入，再选择高度、粗细、色泽、重量一致的黄瓜装入，再注入填充液。

5. 排气、密封及杀菌　排气、密封时，罐中心温度 85~90℃。

杀菌公式：净重 750 克，$\frac{7\text{分钟}-12\text{分钟}}{100℃}$，(水) 快速冷却

(八) 盐水胡萝卜

1. 原料处理

(1) 去皮　将胡萝卜表面泥沙杂质洗净，用碱液去皮。碱液浓度为 4%~6%，温度 95℃以上，时间约 2 分钟。

(2) 漂洗　去皮后应立即投入冷水浸泡，使其很快冷却，并洗净残留的碱。

(3) 修整　用刀削去未去净的皮，挖去虫斑，除掉须根，并切去两端。

(4) 热烫　用 0.2%的柠檬酸溶液煮沸 5 分钟，然后捞出，立即投入清水中进行冷却。

2. 装罐　对不适宜整条装罐的胡萝卜应切分，可切成约 1 厘米的方丁或厚约 3 毫米的薄片。

按照整条、方丁或片分别装罐，同一罐的色泽大小应相同，然后注入 1.5%的盐水。

3. 排气、密封及杀菌　抽气密封时，53328.8~59994.9 帕。

杀菌公式：净重 425 克，$\frac{10\text{分钟}-30\text{分钟}-15\text{分钟}}{115℃}$

二、蔬菜的腌制

蔬菜腌制品种很多，加工方法各异。现介绍几种加工量大、有代表性的腌制方法。

（一）腌菜类

腌菜类是一种腌制方法简便的大众化腌制品，主要是利用较高浓度的食盐来保藏蔬菜，有些在腌制过程中通过轻微的发酵改善蔬菜的风味。

适于作腌菜的蔬菜种类很多，但其加工方法则是大同小异。

1. 五香萝卜干

（1）原料选择与处理　选用新鲜、皮薄肉嫩、组织紧密、丰满多汁的萝卜为原料。

用清水洗净后，削去侧根、茎叶，切成宽约1厘米、长3厘米的粗萝卜条。

（2）盐腌　将萝卜条装入缸内，撒进相当于萝卜条重5%的食盐，进行盐腌。

做法是：先在缸底薄薄铺一层盐，然后逐层把萝卜条装入缸内，每层萝卜条厚约30厘米，并逐层均匀地撒上盐。在盐腌期间，每天倒缸和揉搓1~2次，使盐分迅速溶化渗入萝卜条内。

（3）暴晒　将盐腌3天后的萝卜条取出，进行晾晒，以每100千克鲜萝卜条，经盐腌暴晒后，出半干咸萝卜条约25千克为宜。

暴晒时，应常翻动，使萝卜条晒得均匀。

（4）配料入坛　按每100千克半干萝卜条加五香粉0.8千克、糖5千克、醋1千克、辣椒面适量，揉搓后入坛，压实密封缸口。

约1周即成为味道咸辣、稍有甜味的五香萝卜干。

2. 冬菜

(1) 原料选择与处理　选用结球坚实的大白菜，除去黄帮老叶，切去菜根，洗净晾干，切成宽1厘米的细条，再横切成长方形或菱形小片。

(2) 晾晒　将切好的菜晾晒或烘烤。以每100千克处理好的鲜菜能晒成半干菜15~20千克为宜。这时菜帮已经发软，捏在手中略显潮湿而无水流出。

(3) 入缸　按每100千克晒成的半干菜加入食盐12千克。将菜与食盐充分揉搓拌匀，然后密封缸内，随装随压，必须捣实压紧，在缸的最上面再稍撒一层盐，然后密封缸口。

(4) 发酵　装缸3天后，将菜取出，按每100千克菜加蒜泥10~20千克，拌匀后再装入缸内，严封缸口，放置在室内发酵，一般2~3个月即为成品。

如果采用人工加温办法，可促使发酵过程缩短，提前制成成品。

3. 咸黄瓜

(1) 原料选择与处理　选用立秋后采收的鲜嫩翠绿黄瓜为原料，去掉软烂及畸形老熟的瓜条，除去瓜柄，用清水洗净表面泥土等物，晾干表面水分。

(2) 腌制　按每100千克原料黄瓜加食盐30千克，一层黄瓜一层盐，成层装入缸内。初期每天倒缸1~2次，促使盐粒溶化，并进行散热。

腌制5~6天后，改为每天倒缸一次，再腌1个月即可封缸贮藏。成品特点是碧绿脆嫩清香。

4. 咸雪里蕻

(1) 原料选择与处理　选择色泽深绿、叶片肥嫩的原料，除去

根及烂黄叶片，洗涤干净，沥干水分。

（2）腌制　每100千克鲜菜用食盐12千克、清水10千克（也可不加清水）。做法是：将菜排放于缸内，排一层菜，撒一层盐。菜入缸后，当天必须倒缸一次，以散热及散出辛辣味，防止菜体发热腐烂。

以后每天倒缸一次，腌制3~4天后，可每两天倒缸一次。一般经二十多天的腌制，即可食用。

腌制的好的雪里蕻，外观翠绿，脆嫩味香，无辛辣味。

（二）酱菜类

适于作酱菜的蔬菜有黄瓜、萝卜、芥菜、苤蓝、莴笋等。其加工方法是先将新鲜蔬菜用盐腌制成“菜坯”，经脱盐后再浸渍于豆酱、面酱或酱油中。

酱的好坏直接影响着酱菜的质量。要做出优质的酱菜必须用优质的酱才行。

1. 甜酱黄瓜

（1）原料选择与处理　选择瓜条顺直、均匀、色绿、无种子的黄瓜为原料，然后洗净。

（2）初腌　将黄瓜倒入缸中，进行初腌。每100千克原料用食盐15千克、碱0.1千克、咸汤3千克。做法是：一层黄瓜一层盐，逐层下缸，直到把缸腌满为止。腌时先洒少许成汤，使盐能粘在瓜条上，条条腌透。

为了加速盐的溶化，加盐时下层可少些，上层可多些，并一同把碱放入。腌后每天倒一次缸，2~3天后即可出缸。

（3）复腌　将初腌的黄瓜倒入另一个空缸内进行第二次腌制。方法是：每100千克腌黄瓜用盐20千克，一层黄瓜一层盐，逐层下缸。每天倒缸一次，10~15天后即为咸黄瓜。

(4) 脱盐　将腌好的黄瓜放入缸内，用清水浸泡漂洗，脱去咸黄瓜的盐分。浸泡时要经常换水，一般24小时换一次水，冬季需换3次，夏季换2次。再将浸泡后的黄瓜捞出，沥干水分。

(5) 初酱　用次酱（即酱过菜的酱）进行酱制。每100千克腌黄瓜用次酱100千克，每天早、晚各打耙一次。打耙时应由上到下，用力要均匀，不能用力过猛。初酱时间一般以2~3天为宜，时间不宜过长，否则黄瓜会发酸。

(6) 复酱　即把初酱过的黄瓜换成甜面酱进行酱制。先用清水把粘在黄瓜表面上的次酱冲净，然后加入甜面酱，100千克腌黄瓜用甜面酱75千克。

酱制时每天打耙3~4次。冬季20天，夏季10天左右，即为成品。每100千克腌黄瓜可制成70千克甜酱黄瓜。

制成的甜酱黄瓜颜色黑绿，味香甜，酱味浓厚，嫩脆。

2. 酱莴笋

(1) 原料选择与处理　将新鲜莴笋去叶、去皮。去皮要干净彻底，不留筋，不伤肉。去皮后用清水冲洗干净。

(2) 腌制　将洗净后的莴笋入缸，按每100千克净莴笋用食盐25千克，逐层腌入缸内，每天早、晚各倒缸一次，倒缸时要扬汤、散热，促使盐溶化。

倒缸时注意不要折断莴笋，腌制3~4天后改为2天倒缸一次，10天后封缸保存。每100千克去皮莴笋可腌制莴笋65千克。

(3) 酱制　将腌好的莴笋切成7厘米左右的小段，放入清水缸内浸泡，每24小时换水一次，冬季需换水3次，夏季换水2次。然后将莴笋装入布袋，沥干水分，入缸酱制。先以每100千克腌制莴笋用次酱100千克，酱制3~4天，每天打耙3次，打耙要均匀细致。

然后换为甜面酱酱制。夏季每100千克腌莴笋用甜面酱75千克、黄酱20千克，酱制后每天打耙4次，冬季酱制15天，夏季酱制10天即成为成品。

酱制好的莴笋颜色金黄，酱味浓厚，嫩脆适口，无硬皮。

3. 大酱萝卜

（1）原料选择与处理　选用鲜嫩不糠心、中等大小的萝卜为原料，切头去须根，洗涤干净。

（2）腌制　按每100千克萝卜用盐16千克，咸汤或水15千克，逐层入缸腌制。每天倒缸1~2次，倒缸时要扬汤、散热，散去萝卜气味，促使盐分溶解。倒缸次数多时，萝卜质地脆，成品质量好。腌制7天后，改为2天倒缸一次，1个月后即为腌制成品，可封缸贮存。

（3）酱制　将腌好的萝卜，切成3~6瓣后入缸酱制。按100千克萝卜用次酱75千克，酱油15千克（若无此酱时，可用黄酱25千克、其他次酱50千克、酱油15千克）酱制。每天打耙3~4次。酱制15天后即为成品，可封缸贮存。

成品颜色深红，酱味浓厚，口脆不软。

4. 甜酱苤蓝丝

（1）原料选择与处理　采用鲜嫩苤蓝及时加工去皮，去皮要均匀，不留筋，不伤肉，后用清水洗净。

（2）腌制　按每100千克去皮后的苤蓝用盐25千克、咸汤15千克，一层苤蓝一层盐，再放少量咸汤入缸腌制。初期每天倒缸2次，腌制5天后改为2天倒缸一次，再腌30天即可封缸贮存，封缸时要灌满汤，使其漫过苤蓝，否则苤蓝会腐烂变质。

（3）酱制　将腌好的苤蓝切成厚宽为1.5毫米的细丝，放入清水缸内浸泡24小时，然后捞出，沥去水分，按每100千克苤蓝丝拌入腌姜丝1千克，装入布袋再放入缸内酱制，冬季用甜面酱35千克，黄酱35千克；夏季用黄酱65千克、酱油10千克酱制。

酱制时，每天打耙3~4次，打耙时要均匀，冬季酱制7天，夏季酱制3~4天即成成品。

酱制后成品颜色金黄，有光泽，酱香味浓，清脆适口，菜丝均匀整齐不碎。

（三）泡酸菜类

这类加工品主要包括泡菜、酸菜等。一般是利用低浓度的食盐溶液和少量的食盐来腌泡蔬菜，而制成的各种带有酸味的腌制品。

1. 泡菜　可以用作泡菜的原料很多，如洋葱、甘蓝、豇豆、青豆、萝卜、胡萝卜、黄瓜、蒜薹、蒜头、嫩姜、大白菜、辣椒、莴笋等，但易使泡菜液混浊或产生沉淀的蔬菜，如番茄不宜于泡制。

腌制泡菜用一种特殊的泡菜坛子，腌制泡菜前先用冷却的沸水配制食盐溶液。食盐溶液浓度以6%~8%为宜，将配好的食盐溶液装进坛后，便可投入准备好的食盐溶液。泡菜用的蔬菜要充分洗涤，放到阴凉处晾干。

小棵蔬菜可整棵投入坛内，大棵的应切成条状或块状，为了增加泡菜的香味、辣味和甜味，可加入姜、花椒、辣椒、黄酒、烧酒、白糖等香料与调味品。

在第一次使用的腌制液中应放入少量的醋，在发酵初期可以抑

制有害微生物的繁殖，使乳酸发酵正常进行。装好坛后盖上坛盖，在坛口水槽内加上净水。

完成泡制时间，需看蔬菜种类、温度的高低及食盐浓度而定，少则3~4天，多则半个月左右。使用过的腌制液，只要没有变坏，则可以再加新的蔬菜，连续使用。加入新蔬菜时，应适当补充食盐、香料及调味品等。

从坛内取出泡菜时，需防止污物混入坛内。如果由于管理不严，使泡菜腌渍液表面有了白膜，可加入少量烧酒及生姜片，以抑制皮膜酵母的继续活动。

泡菜应是质地清脆、酸咸可口，并具有特殊香味，适于生食。

2. 酸白菜　酸白菜腌制时不用食盐，只加清水，在腌制过程中也不加香料与调味品。

（1）原料选择与处理　把预先选好的优质大白菜用水冲洗干净，大棵菜要从基部用刀切成十字形，刀口深度以切到叶球高度的2/3为宜，小棵菜可不切。然后在沸水中热烫1~2分钟，随即转入干净的冷水中冷却。

（2）腌制　把热烫好的原料层层交错排列在缸内，压上重石，放入干净清水，使水面腌没原料10厘米左右。一般经20~30天后即可食用。有的地方为了促进发酵，缩短腌制时间，常在浸渍液中加入少量米汤。浸渍好的酸菜应贮存在温度较低的地方，并在缸口加上木盖等，以保持制品干净卫生。如果浸渍液水面下降，应再补充清水。

酸白菜应该呈乳白色，质地清脆而微酸，可以作为炒菜、馅菜。

（四）糖醋渍菜

糖醋渍菜是把蔬菜浸渍在糖醋液内制成的腌制品。糖醋液不仅可增加制品的风味，而且能起到防腐作用，使制品长期保存不坏。适于糖醋制的蔬菜较多，如小黄瓜、嫩大蒜头、萝卜、嫩姜、青番茄等均可进行糖醋渍。

1. 糖醋黄瓜

（1）发酵　选用青绿脆嫩的黄瓜，洗净后放入浓度为8%~10%的食盐溶液内进行发酵。发酵时间因温度高低而不同，温度高时发酵时间就短些，发酵到黄瓜呈半透明状为止。

（2）糖醋渍　将发酵后的黄瓜在清水中浸泡1~2天，除去多余的盐分，然后捞出沥干水分，随即浸渍到配制好的糖醋液中。糖醋液的配制法：糖浓度为25%，醋酸浓度为3.5%，并加入少量丁香、芫荽籽、姜丝、豆蔻等香料。配制时，先将醋液配好，再将装香料的布袋浸入醋液内加热到80~90℃，维持约1小时，而后把白糖溶解于醋液内，也可先将浸水脱盐的黄瓜浸泡在5%的糖液内，几天后再转入醋液中。浸渍完后，应对容器加盖密封，移放在低温环境中，则可长期贮存。

糖醋黄瓜酸甜清脆，适于生食，也可炒食。

2. 糖醋蒜

（1）原料选择与处理　蒜头要求肥大、匀正，表皮洁白、鲜嫩，要剔除蒜皮粗老、有病虫害和腐烂的蒜头，只保留最内一层鳞片，然后投入清水中洗涤干净。

（2）盐腌　按每100千克用食盐10千克的标准，将蒜头与食盐逐层装入缸内，装时要摊平装到半缸为止，不可太满。腌后每天早晚各倒缸一次，连续7天即成糖蒜。

（3）晾晒　把腌好的咸蒜头捞出沥干水分，放在席上晾晒，每天翻动1~2次晒到100千克鲜蒜头剩下70千克左右为止。

（4）糖醋渍　糖醋液的配制方法是：按每100千克半干咸蒜头

用醋70千克、红糖18千克、糖精16克。把醋先煮沸再加进红糖，待红糖溶解后，稍晾片刻，加入糖精，即成糖醋液。将半干咸蒜头装入坛中，只装半坛，用木棍轻轻捣紧后，灌入糖醋液，将坛密封保存。

腌制好的糖醋蒜皮呈褐色，蒜肉黄褐色，质地细嫩，酸甜适口，略带咸味，适于生食。

糖醋液的配制方法各地略有不同，如北京糖醋蒜浸渍液的配制比例是：100千克晒过咸蒜头，用白糖43千克，清水27千克，食盐、酱油、食醋、五香粉各1.6千克。由于糖醋液的配制比例不同，制品的风味也有所差异。

三、蔬菜的糖制

蔬菜利用食糖的保藏作用制成糖制品，具有优良的风味，是人们所喜爱的一种食品。蔬菜糖制后，色、香、味、外观状态和组织结构都有不同的改变，从而丰富了食品的种类。蔬菜糖制品除作一般食用，也可作糖果糕点的辅料，部分食品也是保健食品。

1. 冬瓜条

(1) 原料选择与分切　选择充分成熟、形状整齐、重量为10~15千克的冬瓜为原料，用清水洗净表面泥沙、污物，再用刀削去外表厚皮及绿色部分，只留白色果肉，然后切开去瓤，并切成长6~7厘米、宽1.5厘米左右的小条。

(2) 硬化处理　将切好的冬瓜小条倒入约1%的石灰水中，上下翻动，浸泡10小时左右，使瓜条质地变得比较坚硬，然后捞出，用清水漂洗，每隔2小时换水一次，共换水三四次，以除尽残附的石灰溶液。

(3) 热烫　将硬化后的瓜条坯捞出，倒入沸水烫五六分钟，至瓜条肉质透明为止，取出后放入清水缸中浸泡 1 天，每隔 3 小时换水一次。

(4) 糖渍　将瓜条捞出，沥干水分，然后倒入 20%~25%的蔗糖溶液中浸渍，4 小时后翻动一次，浸 4~6 小时后，向缸内增添砂糖，使糖液浓度达到 40%左右，再浸渍 8~10 小时。

(5) 煮制　将瓜条和糖液一起舀到锅里，再加砂糖使糖液浓度增加到 50%，然后煮沸，使其浓缩，直至糖液浓度达到 75%以上时即可出锅。

(6) 干燥及上糖衣　将冬瓜条从锅里捞出，沥去多余糖液，送入烘房干燥，烘烤温度不超过 60℃。烘干后将冬瓜条置于大盆或木槽中，拌以白糖粉，然后筛去多余的糖粉，即成冬瓜条制品。

制成的冬瓜条成品洁白，质地清脆而不软绵，外干而内湿，味道正甜。

2. 莴笋条

(1) 原料选择与分切　选用中等成熟度的莴笋，将莴笋洗净，削去外皮，修复平整，切成长 5~6 厘米、宽 2.5 厘米左右的条坯。

(2) 硬化处理　把切好的莴笋条坯放入 3%~5%的石灰水中，浸泡 12 小时，然后用清水漂洗，除去残余石灰。

(3) 热烫　将硬化处理过的莴笋条放入沸水中煮沸 10 分钟左右，然后捞出，放入冷水中浸渍清洗，然后捞出沥干。

(4) 糖渍　将热烫后的瓜条坯倒入煮沸的 50%糖液中，煮制 15~20 分钟，然后连同糖液一起放入缸内，浸渍 2 天，使糖液慢慢渗入，浸渍后把条坯、糖液一同舀入锅中，加入砂糖，使糖液浓度达到 50%。先用大火煮制，然后改用小火，直至煮到糖液浓度达 80%左右，即可出锅，沥去多余糖液。

（5）晾干及上糖衣　把糖渍好的莴笋条摊在筛上晾干，然后放入糖粉拌匀，筛去多余的糖粉。如若进行防腐处理，可在上糖衣之前加入0.1%的山梨酸，最后用食品包装袋包装。

3. 糖姜片

（1）原料选择与分切　制作糖姜片的原料以纤维尚未硬化而又具有生姜辛辣味的嫩姜为佳。太嫩则缺乏辛辣与芳香味，太老则纤维老化不宜加工。原料选好后，先用清水洗净表面泥沙，刮去表面薄皮，然后切成0.3~0.5厘米厚的薄片。

（2）热烫　将姜片用水冲洗1~2次，捞出投入沸水中煮至半熟，姜片呈透明状，再取出放入冷水中漂冷。

（3）糖渍　将姜片捞出，沥干水分，装入陶瓷缸中，按每100千克姜片加白糖35千克，分层糖渍24小时，再将姜片同糖液一并倒入铜锅中，加白糖30千克，加热熬煮约1小时，又将姜片与糖浆一起倒回缸中，冷渍24小时。

（4）浓缩及上糖衣　将姜片与糖浆倒入锅再加白糖30千克，熬煮浓缩，直至糖浆能拉成丝状为止。此时糖液浓度至少在80%以上，然后捞出姜片，沥去糖液，晾干。用制作冬瓜条的办法给姜片裹一层白糖粉，每100千克约用白糖粉10千克，并筛去多余糖粉，装袋保存。

4. 蜜西瓜条

（1）原料选择与处理　选肉质坚实且较厚的西瓜皮为原料，用刀削去表皮和瓜瓤，切成长4厘米、宽1厘米的长条，放入5%的石灰水中浸泡6~8小时，瓜皮条与石灰水的比例为1：1。瓜条倒入石灰水中后，要加上木板压上重石块，使瓜条全部浸入石灰水中，然后把瓜条捞出，漂洗干净，再用清水浸泡8~12小时，浸泡期间，每隔1~2小时换水一次。

（2）预煮　将瓜条放入煮沸的 0.03% 的明矾水溶液中，预煮 5~10 分钟，然后把瓜条捞出投入冷水中，并不断用自来水冲洗，直至瓜条完全冷却为止。

（3）糖渍　将瓜条沥干水分后放入缸中分层糖渍。其方法是：放一层瓜撒一层糖，共分 3 次进行。第一次按 100 千克瓜条加白糖 16 千克，腌渍 12 小时；第二次再按 100 千克瓜条加白糖 16 千克，腌渍 12 小时；第三次按 100 千克瓜条加白糖 20 千克，浸渍 24 小时。

（4）煮制　在 3 次加糖浸渍后，滤出糖液，倒入锅里煮开，然后将瓜条放入锅中煮制 15~20 分钟，再把瓜条连同糖液一起舀到缸里，浸渍 2~3 天，再次把糖液滤出，放入锅里加热煮沸，倒入瓜条，注意不断搅动，直煮到糖液温度达 118~120℃ 时，糖液呈黏稠状，糖浓度至少在 80%以上，即可出锅。出锅后的瓜条还需要用铲继续翻动，使糖全部粘在瓜条上，当瓜条表面稍干后，即可停止翻动，以免瓜条上糖沙脱落。瓜条要摊在案板上散开冷却，待瓜条表面出现白霜，即为成品，然后包装。

第六章
无公害蔬菜的病虫害防治

第一节 北方蔬菜病虫害的无公害防治方法

一、物理防治法

物理防治法是利用物理因素、物理作用来防治病虫害，包括使用热能、超声波、电磁波、激光、核辐射等直接杀伤有害生物，利用光波、颜色或其他物理因素诱引或排除有害生物等不同方法。物理防治法在棚室蔬菜病虫害防治中也发挥着相当大的作用。

(一) 种子处理

1. 干热处理　干燥的蔬菜种子用干热法处理，对多种传染病毒、细菌和真菌都有防治效果。黄瓜种子经70℃干热处理2~3天，可使绿斑花叶病毒（CGMMV）失活。番茄种子经75℃处理6天或80℃处理5天，可杀死种传黄萎病病菌。不同作物或不同品种的种子耐热性有差异，处理不当会降低发芽率。豆科作物种子耐热性弱，不宜干热处理。含水量高的种子受害也较重，应先行预热干燥。

2. 晒种　在播种前，选择晴天将蔬菜种子晒2~3天，可利用阳光杀灭附在种子表面的病菌，减少发病。

3. 温汤浸种　用热水处理种子，通称温汤浸种，可杀死在种子

表面和种子内部潜伏的病原物。热水处理是利用植物材料与病原物耐热性的差异，选择适宜的水温和处理时间以杀死病原物而不损害植物。一般瓜类、茄果类蔬菜的种子用50~55℃温水浸种10~15分钟，十字花科蔬菜的种子用40~50℃温水浸种10~15分钟，都能起到消毒杀菌、预防苗病的作用。大豆和其他大粒豆类种子水浸后能迅速吸水膨胀脱皮，不适于热水处理，可用植物油或矿物油代替水作为导热介质处理。

温汤浸种需用饱满、成熟度高、无破损种子，先在冷水中预浸4~12小时，排出种胚与种皮间的空气，以利于热传导，同时刺激种子内休眠菌丝体恢复生长，降低其耐热性。然后把种子浸在比处理温度低9~10℃的热水中预热1~2分钟，再在设定温度的热水中浸种，热水量为种子体积的5倍。由于杀菌温度与引起种子发芽率下降的温度接近，需根据作物与病原菌不同的组合，设定浸种温度与浸种时间。要注意不同成熟度、不同贮藏时间和不同品种种子间耐热性的差异。浸种过程中要不断搅拌，并随时补充热水，保持设定的温度。浸种完毕，将种子捞出，摊开晾晒或通风处理，使其迅速冷却干燥，以防发芽。有时把浸过的种子接着进行催芽处理，即将种子捞出放入凉水中，冷却后催芽。

4. 盐水浸种　用10%的盐水浸种10分钟，可将种子里混入的菌核、线虫卵漂除，减轻菌核病和线虫病发生。

5. 热蒸汽处理　热蒸汽也用于处理种子，其杀菌有效温度与种子受害温度的差距较干热灭菌和热水浸种大，对种子发芽的不良影响较小。热蒸汽还用于温室和苗床的土壤处理。通常用80~95℃蒸汽处理土壤30~60分钟，可杀死绝大部分病原菌，但少数耐高温微生物的细菌和芽孢仍可继续存活。

(二) 太阳能消毒

利用太阳能进行土壤消毒，是简便易行、成本较低的物理方法。在南方夏季高温期，用黑色塑料薄膜覆盖土壤，土壤吸收太阳能而升温，可以杀死土壤病菌、某些杂草种子、线虫和一些土壤害虫。

在夏季高温季节的 6 月初至 8 月份，棚室春茬拉秧后，及时清除残株杂草。然后取稻草或麦秸，切成长 3~5 厘米的小段，撒施在地面，每亩施用 500 千克。再均匀撒施刚化开的生石灰 100 千克，耕翻至 25~30 厘米深，灌水、覆盖薄膜，密闭棚室 15~20 天，温度可达 50℃以上。

还可用太阳能进行棚室内消毒，在夏秋季大棚闲置期，覆盖塑料棚膜密闭大棚，选晴天高温闷棚 5~7 天，使棚内最高气温达到 60~70℃，可有效地杀灭棚内及土壤表层的病菌和害虫。菜田及时翻耕晒垡可以消灭大部分土栖害虫。

(三) 高温堆肥

蔬菜基肥以有机肥为主，但农家肥中多带有病原菌和害虫，需高温堆制杀灭病原菌和害虫。将农家肥泼水拌湿、堆积、覆盖塑料薄膜，使其发酵腐熟，堆内温度可达 70℃左右。经 1~2 个月堆制，充分腐熟后可作基肥施入棚室内。

(四) 阻隔紫外线

多功能农用大棚塑料薄膜，因为在制膜过程中加入了紫外线阻隔剂，使用这种薄膜，紫外线不能进入大棚内。一些需要紫外线刺激才能正常产生孢子或生长发育的病原菌受到强烈抑制，灰霉病等多种病害明显减轻，但对白粉病无防治作用。

(五) 利用颜色诱虫或驱避害虫

用黄板、黄皿可诱集黏结蚜虫、温室白粉虱、斑潜蝇成虫等害虫，用银灰色薄膜可避蚜。

黄板利用废旧的纤维板，裁成 1 米×0. 2 米的长条，或根据需要确定大小形状，用油漆或广告色涂为橙黄色，或贴上橙黄色纸，外面用塑料薄膜包好，上面再涂上一层黏油（可用 10 号机油加少许黄油调匀）制成，装上木把，插在行间，高度略高于植株高度。每隔 10~15 天，或在虫子粘满板面时，及时重涂黏油，或取下更换薄膜。黄皿用瓷盘或玻璃盘，表面涂上黄色颜料和凡士林做成。

蚜虫忌避银灰色和白色，用银灰色反光膜或白色尼龙纱覆盖苗床，可减少蚜虫数量，减轻病毒病害。还可在苗床上方 30~50 厘米处挂银灰色薄膜条，苗床四周铺 15 厘米宽的银灰色薄膜，使蚜虫忌避。定植后，畦面也可用银灰色薄膜覆盖。

利用棕黄蓟马趋向蓝色的习性，可在作物种植行间悬挂蓝色诱集带或蓝色诱集板诱杀成虫。

(六) 灯光诱虫

很多夜间活动的昆虫具有趋光性，可被特定波长的灯光强烈引诱。黑光灯（因最初用黑色玻璃做灯管管壁而得名）通电后发出诱虫作用很强的近紫外光，可以诱集多种蛾类、金龟甲、蝼蛄、叶蝉等害虫，已被广泛应用。

频振式杀虫灯是利用害虫对光、波、色、味的趋性，引诱害虫扑灯，利用频振式高压电网触杀害虫，可以诱杀 17 科 30 多种菜田害虫。其中包括斜纹夜蛾、银纹夜蛾、甜菜夜蛾、烟青虫、地老虎、菜螟、玉米螟、豆野螟、瓜绢螟、大猿叶虫、黄曲条跳甲、铜绿金龟甲、蝼蛄等重要害虫。

（七）覆盖防虫网

防虫网形似窗纱，是以优质聚乙烯为原料，经拉丝制造而成，已添加了防老化、抗紫外线等化学助剂，具有抗拉耐久、抗热耐火、耐腐蚀、无毒无味的特点。防虫网覆盖已广泛用于夏秋蔬菜育苗和栽培，防虫防病。防虫网还适用于制种、繁种，可防止因昆虫活动造成的品种间杂交。

防虫网网眼小，对害虫有物理阻隔作用，大多数蔬菜害虫钻不进网内，形成了隔离屏障。防虫网还造成害虫视觉、触觉错乱，使之避而远去，另觅他处取食产卵。防虫网的反射、折射光也可使害虫忌避。因此，即使网眼稍大于虫体，也能有较好的防虫作用。应用防虫网可大幅度减少化学农药的用量，适用于无公害蔬菜生产。

防虫网的规格多样，幅宽、孔径、丝径、颜色等有所不同。防虫网目数过少，网眼孔径过大，防虫效果较低，而网目数过多，网眼过小，遮光效应较大，对作物生长发育不利。据国外研究，对潜叶蝇最大孔径为640微米，40目；对白粉虱为462微米，52目；对蚜虫为340微米，78目；对花蓟马为192微米，132目。当前国内较适用的防虫网为20~24目，丝径0.18毫米，幅宽1.2~3.6米，白色。

防虫网覆盖有多种形式，应用较普遍的有大棚覆盖、小拱棚覆盖和水平棚架覆盖等三类。

大棚覆盖是将防虫网直接覆盖在大棚上，四周用土或砖压严，棚管（架）间用压膜线扣紧，留大棚正门揭盖，便于进棚操作。小拱棚覆盖是在大田畦面上，用钢筋或竹片做架材并弯成拱架，将防虫网覆于拱架顶上。小拱棚的高度要高于作物高度，避免因菜叶紧

贴防虫网，导致害虫仍能取食菜叶和产卵。水平棚架覆盖可将2000~3500平方米的田块用防虫网全部覆盖。

在覆盖防虫网之前，应进行土壤消毒和化学除草，以杀死残留在土壤中的害虫、病菌和杂草。防虫网四周要压实，防止害虫潜入。防虫网多实行全生育期覆盖，不需要日盖夜揭或晴盖阴揭。如遇5级以上大风，需拉上压网线，防止防虫网被掀开。

另外，还可在一般棚室的通风口和进口处设置防虫网，阻挡有翅蚜、温室白粉虱等害虫迁入棚内。

(八) 其他物理措施

冷冻处理也是控制植物产品收获后遭受病害的常用方法。冷冻本身虽不能杀死病原物，但可抑制病原物的生长和侵染。

核辐射在一定剂量范围内有灭菌和食品保鲜作用。钴-γ射线辐照装置较简单，成本较低，γ射线穿透力强，多用于处理贮藏期食品和农产品，但需符合法定的安全卫生标准。

微波是波长很短的电磁波，微波加热适于对少量种子进行快速杀菌处理，对种传病原菌有效，但有的种子处理后发芽率略有降低。微波加热是处理材料自身吸收能量而升温，而不是传导或热辐射的作用。

高脂膜是用高级脂肪酸制成的成膜物。它不同于常规化学杀菌剂，本身并不具有杀菌作用，使用后在植物体表面形成一层很薄的膜，能够阻止病菌的侵染，但不影响植物的生命活动，从而达到防病目的。高脂膜对瓜类白粉病、霜霉病等均有一定的防治效果，在蔬菜的贮运防腐保鲜等方面也有一定的作用。

二、生物防治法

生物防治法是利用有益生物及其天然产物防治病虫害的方法。迄今所利用的主要是天敌昆虫和有益微生物。有益微生物亦称生防菌，包括害虫的病原微生物和植物病原菌的拮抗微生物。有些有益微生物已被制成多种类型的生物防治制剂，大量生产和应用。对于天然发生的有益微生物，还可以采取措施，调节其生态环境，促进其群体增长，更好地发挥其抑制病虫害的作用，以有效地减少有害生物数量，降低植物病原物致病性，抑制病虫害的发生。在病害防治方面，生物防治措施主要针对土传病害和产后病害。由于生物防治效果不够稳定，受环境因素的影响较大，适用范围较狭窄，加上生物防治制剂的生产、运输、贮存又要求较严格的条件，尚需进行更多的研究和改进。在无公害蔬菜生产中，有机合成农药的应用受到限制，生物防治措施备受重视，应用前景很好。

（一）保护利用害虫天敌

害虫天敌包括捕食性和寄生性两大类，蔬菜害虫的天敌资源非常丰富。

捕食性天敌主要是一些昆虫和蜘蛛，多分布在鞘翅目的瓢虫科、虎甲科，脉翅目的草蛉科以及蛛形纲的管巢蛛科、皿蛛科、狼蛛科和球蛛科等。以辣椒为例，仅就陕西省关中地区的调查，就发现捕食性蜘蛛 38 种，瓢虫 20 余种，草蛉 10 种，食虫蝽 20 余种，螳螂 3 种，赤眼蜂 5 种，还有蚜茧蜂、食蚜绒螨、步甲等多种。其中蜘蛛

的种群数量居各类天敌之首，可捕食蚜虫、烟青虫与棉铃虫的卵和1~3龄幼虫，蟋蟀的1~3龄幼虫以及盲椿象等多种害虫。蜘蛛分布广，繁殖快，适应力强，是重要的捕食性天敌。瓢虫数量仅次于蜘蛛，主要捕食蚜虫，也可捕食棉铃虫、菜青虫的卵和幼虫。

害虫的寄生性天敌主要是寄生蜂类，大部分属于姬蜂总科、细蜂总科、青蜂总科以及小蜂总科，一小部分属于瘿蜂总科、泥蜂总科及尾蜂总科（尾蜂科）。例如，寄生于小菜蛾的就有菜蛾绒茧蜂、胫弯尾姬蜂、颈双缘姬蜂、拟澳洲赤眼蜂等多种。

为了充分发挥天敌的控制作用，需要因地制宜，采取有力措施保护。首先要创造天敌的适宜生长环境，招引天敌大量迁入。还要注意安全用药问题，选用对天敌安全的杀虫剂，尽量少用广谱性和长残效农药，还要根据害虫和主要天敌的生活史，找出对害虫最有效，而对天敌杀伤较少的施药时期和施药方式。

棚室蔬菜为反季节栽培，处于自然天敌非活跃时期，加之棚室内小气候异常，作物单一，天敌较少。适于棚室条件的天敌，需人工饲养和释放，方能发挥其控害作用。例如，丽蚜小蜂是在20世纪70年代从英国引进的温室白粉虱寄生蜂，已经开发了人工大量繁殖与商品化生产技术，并提出了适合我国温室条件的释放利用方法。在北方棚室用于防治温室白粉虱，获得了成功。丽蚜小蜂寄生于温室白粉虱的若虫和蛹，寄生后9~10天，温室白粉虱虫体变黑死亡。草蛉和小花蝽对温室白粉虱的捕食能力较强，也可人工助迁，引进温室。人工繁殖的中华草蛉卵每公顷释放约100万粒，效果很好。

（二）利用有益微生物

有益微生物是指对有害生物不利，而对植物和农业生产有益的微生物类群。有益微生物可能同时具有多种生物防治机制，必须全面认识，方能合理利用。

1. 防治病害的有益微生物　有益微生物产生抗菌物质，能够抑制或杀死病原菌，这称为抗菌作用。例如，绿色木真菌产生胶霉毒素和绿色菌素两种抗生素，抑制立枯丝核菌等多种病原菌。有些抗菌物质已可以人工提取并作为农用抗生素定型生产，我国研制的井冈霉素是吸水放线菌井冈变种产生的葡糖苷类化合物。有的拮抗微生物产生酶或其他抗菌物质，消解植物病原真菌和细菌的芽管细胞或菌体细胞。

有益微生物还有竞争作用（占位作用），与病原菌竞争并夺取植物体的侵染位点和营养物质。用有益细菌处理植物种子，能够防治腐霉真菌引起的猝倒病，就是由于有益细菌大量消耗土壤中氮素和碳素营养而抑制了病原菌的缘故。根围有益微生物对铁离子的竞争利用也是抑制根部病原菌的重要原因。

有些有益微生物可以寄生在植物病原菌体内，这称为“重寄生”现象。例如，哈茨木霉能寄生于立枯丝核菌和齐整小核菌的菌丝。豌豆和萝卜种子用木真菌拌种，可防治苗期立枯病与猝倒病。

有益微生物的捕食作用在病害生物防治中已有应用。迄今在耕作土壤中已发现了百余种捕食线虫的真菌，这类真菌的菌丝特化为不同形式的捕虫结构。番茄根结线虫的捕食性真菌已经制成生物防治制剂，投入商业化生产。

有益微生物还能诱导或增强植物抗病性，通过改变植物与病原物的相互关系，抑制病害发生。交互保护作用是指接种致病性弱的病毒，诱发植物的抗病性，从而能够抵抗强致病性病毒侵染的现象，在病害防治上也有应用。

应用有益微生物防治病害，有两类基本措施：其一是大量引进外源拮抗菌；其二是调节环境条件，促进田间已有的有益微生物繁

殖，发挥其拮抗作用。

多种有益微生物已成功地用于防治植物根病。例如，放射土壤杆菌的 K84 菌系产生高效抗菌物质土壤杆菌素 A84 已经定型生产，其商品制剂已用于防治多种园艺作物的根癌病。利用木霉制剂处理农作物种子或苗床，能有效地控制由腐霉真菌、疫真菌、核盘菌、立枯丝核菌和小菌核菌侵染引起的蔬菜根腐病和茎腐病。

国内研究单位通过亚硝酸诱变得到了烟草花叶病毒弱毒突变株系 N11 和 N14，黄瓜花叶病毒弱毒株系 S-52，将弱毒株系用加压喷雾法接种辣椒和番茄幼苗，可诱导交互保护作用，减轻病毒病害的发生。

综合运用生物防治制剂和杀菌剂可以提高防治效果，降低杀菌剂用量。例如，哈茨木霉与甲霜灵共同施用防治辣椒疫病和豌豆根腐病。

调节土壤环境，可以增强有益微生物的竞争能力，提高防病效果。向土壤中添加有机质，诸如作物秸秆、腐熟的厩肥、绿肥、纤维素、木质素、几丁质等可以提高土壤碳氮比，有利于有益微生物发育，能显著减轻多种根病。利用耕作和栽培措施，调节土壤酸碱度和土壤物理性状，也可以提高有益微生物的抑病能力。例如，酸性土壤有利于木霉孢子萌发，增强对立枯病病菌的抑制作用。这类措施在无公害蔬菜和绿色食品生产中，有很好的应用前景。

2. 防治害虫的有益微生物　防治害虫的有益微生物种类很多，大都是昆虫的病原微生物，能引起昆虫的流行性病害。被寄生的虫

体，陆续发病死亡。在昆虫的病原细菌中，最著名的是苏云金杆菌（杀螟杆菌），防治菜蛾、菜青虫等鳞翅目幼虫效果最好。含有该菌孢子的 Bt 乳剂是菜田应用最广泛、用量最高的生物防治制剂。

昆虫病原真菌种类很多，白僵菌、绿僵菌、绿穗霉等对夜蛾科幼虫致病力强，汤普森多毛菌寄生桔芸锈螨，蜡蚧轮枝孢菌能引起温室甲壳虫和蚜虫大量发病死亡。弗雷生虫真菌也能寄生于多种蚜虫，且对环境温度、湿度的要求不严格，适应性强。

生物防治中常用的昆虫病毒有核型多角体病毒（NPV）、质型多角体病毒（CPV）、颗粒体病毒（GV）等。在冬春季棚室中，已使用棉铃虫核型多角体病毒制剂防治棉铃虫，在卵高峰后 4~6 天喷施，幼虫大量染病死亡。此外，一些微型动物也能使昆虫致病，比较重要的有病原原生动物和病原线虫。著名的昆虫病原微生物多已定型生产，有商品制剂出售。

（三）利用生物源农药

生物源农药或生物农药是指直接利用生物活体或生物活性物质，以及利用生物体提取物质为有效成分的定型商品农药。根据有效成分来源不同，又可划分为微生物源农药、动物源农药和植物源农药三类。

1. 微生物源农药　包括活体微生物农药和农用抗生素。活体微生物农药是直接利用昆虫病原微生物和植物病原菌生物防治微生物制成的药剂。著名的有 Bt 乳剂、蜡蚧轮枝孢制剂、核多角体病毒制剂等。农用抗生素多用于防治植物病原真菌和细菌，如春雷霉素、多抗霉素（多氧霉素）、井冈霉素、农抗 120、中生菌素、新植霉素、农用链霉素等。也有的用于防治其他有害生物，如浏阳霉素、华光霉素等用于防治螨类，阿维菌素用于防治菜蛾、叶螨、根结线

虫等。

2. *动物源农药* 包括活体制剂和昆虫信息素。前者主要涉及昆虫寄生性天敌或捕食性的天敌动物，这在前面已经作了介绍。信息素是由生物体内分泌到体外，能影响到其他生物体的生理和行为反应的微量化学物质。用于害虫防治的昆虫信息素主要是性信息素和集结信息素，信息素诱捕器已用于诱杀鳞翅目和鞘翅目害虫。

3. *植物源农药* 植物体内含有多种次生代谢产物，其化学成分和生理作用非常复杂，其中就包括对昆虫的毒害物质以及天然抗菌物质，这些活性成分可以提取出来，用作植物源农药。著名的植物源杀虫剂有除虫菊素、鱼藤根、烟碱、植物油乳剂等。印楝素是从印楝的种核、叶片和种皮中提取和分离到的一种三萜烯化合物，印楝素或印楝提取物是高效的昆虫拒食剂和昆虫生长发育抑制剂，对直翅目、半翅目、同翅目、鞘翅目、鳞翅目和双翅目害虫都有很强的活性，而对天敌昆虫包括蜜蜂等传粉昆虫、蜘蛛、螨类无毒性或伤害很小，对哺乳动物也安全。大蒜素是植物的天然抗菌物质，可提取作为杀菌剂。

生物源农药安全、有效、不污染环境，是无公害蔬菜生产的首选药物，目前的推广品种还不多，今后可望有更大的发展。

生产绿色食品对生物源农药的使用也有限制。生产 A 级绿色食品允许使用 AA 级和 A 级绿色食品生产资料农药类产品。在该类产品不能满足植保工作需要的情况下，允许使用中等毒性以下植物源农药、动物源农药和微生物源农药，但严禁使用基因工程品种（产品）及制剂。

生产 AA 级绿色食品允许使用 AA 级绿色食品生产资料农药类产品。在该类产品不能满足植保工作需要的情况下，可以使用中等毒性以下植物源杀虫剂、杀菌剂、驱避剂和增效剂。如除虫菊素、鱼藤根、烟草水、大蒜素、苦楝、印楝、芝麻素等；可释放寄生性、捕食性天敌动物，昆虫包括昆虫病原线虫、捕食螨、蜘蛛等；在害虫捕捉器中使用昆虫信息素及植物源引诱剂；使用矿物油和植物油制剂等。经专门机构核准，允许有限度地使用活体微生物农药，如真菌制剂、细菌制剂、病毒制剂、放线菌制剂、拮抗菌剂、昆虫病原线虫、原虫等；经专门机构核准，允许有限度地使用农用抗生素，如春雷霉素、多抗霉素、井冈霉素、农抗120、中生菌素、浏阳霉素等。但禁止使用生物源农药中混配有机合成农药的各种制剂，严禁使用基因工程品种（产品）及制剂。

第二节　北方蔬菜苗期的病害防治

蔬菜育苗期可遭受多种病原菌单独或复合侵染，发生苗期病害。其中有的主要危害根部和茎基部，称为苗期根病。有的主要危害子叶、真叶，称为苗期叶病。根病的危害尤其严重，从幼芽出土到第一片真叶出现前后，是最易感病的阶段，防治不当，往往大量死苗。引起苗期病害的病原物也可以分为两类：一类主要在芽、苗期侵染危害；另一类除了苗期，在整个生育期都可发生，成株期危害更重。采用传统育苗方式的棚室、苗床冬春季苗病多发，采用无土栽培育苗设施也不能幸免。本节介绍以苗期危害为主的猝倒病、立枯病和镰刀菌根腐病。

（一）猝倒病

猝倒病是蔬菜苗期重要根病之一，全国各地均有分布。茄果类、瓜类、豆类、莴苣、芹菜、白菜、甘蓝等蔬菜芽、苗多发，严重时幼苗成片倒伏死亡。

1. *症状* 幼苗接近地面的茎基部最先发病，初为水浸状，像被开水烫过一样，后变为黄褐色腐烂，可绕茎一周，使幼茎缢缩成“细脖”状，失去支撑能力而倒伏于地。在适宜条件下，从发病到倒苗，只需1天左右，似乎突然发生倒苗，所以称为猝倒病。倒伏的幼苗，叶片在一段时间内仍保持绿色，以后失水干枯。潮湿条件下，病苗及周围的床土上长出一层白色棉絮状物，为病原菌的菌丝体。病苗根部变深褐色，腐烂凹陷。病原菌还侵染萌动的种子和出土前的幼芽，造成烂种、烂芽。

2. *病原菌* 为多种腐真菌，以瓜果腐霉最常见。腐真菌属于卵菌，无性繁殖体是孢子囊及其产生的游动孢子，有性繁殖体是卵孢子。腐霉真菌能在土壤中和病残体中长期存活。

3. *发病规律* 猝倒病病菌主要以卵孢子和菌丝体在病残体和土壤中越季，下茬温湿度条件适合时，产生游动孢子或直接产生芽管，侵染幼芽和幼苗。在终年温暖地区或保护地育苗时，这些病害可常年发生。猝倒病病菌可通过土壤、未腐熟的农家肥、灌溉水、雨水、农具等多种途径传播。

土壤菌量大，苗床高湿低温，光照不足，幼苗瘦弱是猝倒病发生的主要诱因。在重茬地作苗床，或利用旧苗床、旧床土，施用带有病残体且未充分腐熟的农家肥，都导致苗床土壤带菌量增大。

土壤湿度高有利于猝倒病病菌繁殖和向地表转移，使猝倒病加重。发病往往从棚顶滴水处开始，逐渐向外扩展。高湿时幼苗扎根不好，徒长，茎叶柔嫩，也有利于发病。空气湿度高会使土表保持湿润，促使土层中下部的病原菌上升至土表活动。苗床立地条件不良，地势低洼，地下水位高，土壤黏重，排水不畅以及灌水不当，播种时底水不足，播种后经常浇水，或遇到连阴雨天气，通风散湿不够等都造成苗床湿度升高，有利于苗病发生。

试验表明，较高的温度最适于病原菌生长、繁殖和侵染，但实际上低温时往往发生苗病，遭受冷害后发病更重。这是因为幼苗生长发育要求较高的温度，长期低于15℃或忽冷忽热，使其生理机能受到削弱，抗病性剧降，而病原菌适应的温度范围较宽，低温时仍能侵染致病。

苗床光照弱，光照时间短，或遭遇连阴雨天气，幼苗见光少都会造成幼苗徒长，幼茎纤弱，易被侵染，发病重。播种量太大，留苗过密或幼苗未行锻炼，也造成幼苗细弱，抗病性低。反之，光照充足，适时炼苗则幼苗粗壮敦实，抗病性强。

4. *防治方法*　防治猝倒病在发病初期可及时喷药。可选用75%百菌清可湿性粉剂800倍液，或25%甲霜灵可湿性粉剂800倍液，或40%乙磷铝可湿性粉剂300倍液，或64%杀毒矾可湿性粉剂500~600倍液，或58%甲霜灵，锰锌可湿性粉剂500倍液，或72.2%普力克水剂600~800倍液，或30%噁霉灵水剂600倍液喷雾，一般每7~10天喷一次，连续喷2~3次，注意茎基部及其周围地面要喷到。现在防治卵菌病害的商品制剂很多，使用前要了解其有效成分和作用特点，选择不同的药剂轮换使用。

另外，在发生初期或已见死苗时，还可用绿亨1号3000~4000倍液，或绿亨2号600~800倍液，进行土壤喷洒或灌根，抑制病害扩展。

（二）立枯病

立枯病是由丝核菌引起的重要病害，几乎能够侵染各种蔬菜，发病比猝倒病略晚，主要危害大苗。立枯病分布很广，不仅在北方冬春季育苗时发生，而且还在南方夏秋高温多雨季节暴发流行，造成大量死苗。

1. *症状* 病苗幼茎基部产生椭圆形褐色病斑，可绕茎一周，病部缢缩腐烂，有时其上方膨大，形成上大下小的棒槌状。病苗幼根腐烂，呈深褐色或黑色。潮湿时病斑上出现少许褐色蛛网状菌丝体，以后还形成小菌核。病苗白天萎蔫，夜间恢复，以后随病情加重而枯死。因为病苗较大，发病后保持直立而不倒伏，被称为立枯病。在适温高湿情况下，发病较早，甚至在出土前烂死，此时幼茎柔嫩，腐烂症状发展快，病苗倒伏烂死。

2. *病原菌* 为立枯丝核菌，该菌不产生无性孢子，仅有菌丝体和菌核。菌核不定型，近球形，黑褐色，直径 0.5~1 毫米。有性阶段为瓜亡革菌。立枯丝核菌寄主范围广泛，包括蔬菜、林业植物、牧草、花卉等，但由不同作物得到的菌株，致病性有差异。立枯丝核菌发育适温 24℃，最高 40~42℃，最低 13~15℃。

丝核菌除了侵染幼苗，引起立枯病，还能在成株期继续危害，引起根部、根颈部腐烂，甚至能够进一步向植株上部扩展，引起叶腐病。

3. *发病规律* 立枯病病菌以菌丝体或菌核在土壤和病残体中越冬，条件适合时产生侵染菌丝，侵入幼苗。立枯病病菌的菌核在土壤中存活时间较长，菌丝体也可依靠有机质腐生，在终年温暖地区或保护地育苗时，可常年发生侵染。病原菌可通过土壤、未腐熟的农家肥、灌溉水、雨水、农具等多种途径传播，种子也可能带菌。

立枯病在高温高湿条件下发生严重，床温变化幅度大，床温过高或过低，发病也重。病原菌对温度的适应性较强，而在低温条件下，由于种子发芽出苗时间延长，幼苗柔弱，抗病性降低，致使发病加重。立枯病菌病虽然适于在干湿适度的土壤中活动，但高湿有利于菌核萌发，且幼苗扎根不好，徒长，发病增多。苗床或育苗盘湿度升高或遇到连阴雨天气等，有利于发病。

4. *防治方法* 防治立枯病需抓好苗床准备，土壤处理，种子处理，育苗期管理和苗期药剂防治参见猝倒病部分，不再重复。下面仅在药剂应用方面作一些补充。

种子处理可选用40%拌种双可湿性粉剂，或75%卫福可湿性粉剂，或50%扑海因可湿性粉剂等制剂拌种，用药量为种子重量的0.4%。还可用绿亨1号处理种子，详见猝倒病的防治。黄瓜、甜椒等用30%倍生（苯噻氰）乳油1000倍液浸种6小时，然后带药液催芽播种。

土壤处理可用70%土菌消可湿性粉剂，每亩苗床用药1.5~2千克，混合40~80千克细土，做成药土使用。绿亨1号的用药方法同猝倒病。

还可在发病初期选择喷淋5%井冈霉素水剂800倍液，或28%多井悬浮剂800倍液，或15%噁霉灵水剂450倍液，或50%扑海因可湿性粉剂1000~1500倍液，或30%倍生乳油1200倍液等。7~10天防治一次，连续防治2~3次。此外，也可用绿亨1号3000~4000倍液进行土壤喷洒或灌根。

（三）根腐病

镰刀菌侵染引起的根腐病，是苗期常见病害，瓜类、豆类、茄果类以及其他蔬菜都有发生，严重时局部或成片死苗。采用传统方

法育苗的苗床，易遭受环境胁迫，根腐病多发。采用新法无土育苗时，根腐病发生也较多，仍需采取防治措施。

1. 症状　病原菌侵染引起烂种、烂芽、根腐、茎基部腐烂等一系列症状。病苗胚根和幼根初呈水浸状，后变褐腐烂，病部略膨肿，有时变暗红色，无根毛或根毛很少。变色腐烂部位可扩展到茎基部，但茎基部并不缢缩。症状较轻时根部、茎基部有局部淡褐色、红褐色或深褐色坏死斑块，严重时整体溃烂，皮层腐烂殆尽，残留黑褐色维管束，呈丝麻状。病苗地上部分萎蔫，叶片发黄枯死。高湿时在根部或地表处生淡红色霉状物。

2. 病原菌　由镰刀菌侵染引起，其中包括茄病镰刀菌、串珠镰刀菌、燕麦镰刀菌等多种。镰刀菌产生分生孢子、厚垣孢子，有的种类还产生有性态子囊壳和子囊孢子。寄主范围广泛，对环境的适应性强。

3. 发病规律　病原菌主要以菌丝体、厚垣孢子随病残体在土壤中越季，也可在土壤中长期腐生。种子带菌情况因寄主和镰刀菌种类不同而异。镰刀菌的菌丝、厚垣孢子、分生孢子等还可以污染其他栽培基质、营养液、灌溉水、肥料、工具等，菌源广泛。病原菌多从伤口侵入致病，病苗产生的分生孢子，随气流、雨水、灌溉水、农事操作等途径分散传播，进行再侵染。

连作田土壤带菌量高，发病重，而新苗床很少发病。高温高湿的环境有利于发病。发病程度与土壤含水量相关，地下水位高或土壤黏重，田间积水时，土壤持水量高，透气性差，发病重。播种后和幼苗期遇到雨雪连阴天气，长时间低温寡照，地温较低，菜苗长势弱，病苗、死苗增多。施用未腐熟的有机肥料，地下害虫多，伤根多，也是发病诱因。

4. 防治方法　种子可用50%多菌灵可湿性粉剂或70%甲基硫菌灵可湿性粉剂拌种，用药量为种子重量的0.3%~0.4%，也可用50%多菌灵可湿性粉剂700倍液浸种10分钟。

土壤处理可用50%多菌灵可湿性粉剂（或70%甲基硫菌灵可湿性粉剂）1份与50份细干土混匀，制成药土施用，也可用绿亨1号药土。用塑料钵或纸钵育苗，可将药剂加入营养土中。通常选肥沃、洁净的田园土，按3：2的比例，将其与充分腐熟的有机肥混合均匀，每立方米营养土中掺入50%多菌灵可湿性粉剂（或70%甲基硫菌灵可湿性粉剂）80克，过筛后装入育苗钵中。

在发病初期向幼苗基部选择喷淋50%多菌灵可湿性粉剂600倍液，或70%甲基硫菌灵可湿性粉剂800倍液，或15%噁霉灵水剂450倍液，或50%扑海因可湿性粉剂1000~1500倍液等，隔7~10天一次，连续防治2~3次。

无土栽培的非土壤基质使用前应消毒灭菌。通常采用蒸汽灭菌法，将基质放入灭菌箱中（体积1~2立方米），密闭，通入热蒸汽，温度70~90℃，保持15~30分钟。还可用40%甲醛的40~50倍液处理，按基质数量用适量药液均匀喷洒，然后用塑料薄膜覆盖24小时以上。使用前揭去薄膜将基质风干2周左右，使残留药物完全发散。砾石、沙子可用漂白剂（次氯酸钠或次氯酸钙）消毒，在水池中配制有效氯含量0.3%~1%的漂白粉药液，浸泡基质半小时以上，然后用清水冲洗。

无土栽培所用栽培床以封闭式为宜，且高于地面，贮液池要加盖，以防环境中病菌污染，营养液要按期更换。

第三节 北方蔬菜成株期的病害防治

一、蔬类主要病害与防治

（一）黄瓜霜霉病

1. 症状　叶缘或叶背出现水浸状病斑，呈多角形淡褐色斑块，后期病斑破裂连片。为害黄瓜、甜瓜及其他瓜类作物。

2. 传播途径和发病条件　全年种植黄瓜的地区，病菌从温室传播到露地。冬季不种黄瓜的地区，霜霉病传播途径，一是由南方传播而来，二是在当地越冬。病菌孢子囊在5~30℃均可萌发，适温15~20℃，入侵温度10~25℃，最适温度16~22℃。萌发和侵入，既要有适宜的温度又要有足够的湿度配合得当才能完成。

3. 防治方法

①选用抗病品种。要选择适宜当地栽培的黄瓜抗病品种。品种间对霜霉病的抗性差异是很大的，如津杂系统的品种、秋魁、农城黄瓜都比较抗病。

②栽培无病苗。应该将育苗温室和栽培温室分开，以减少苗期染病。在保护地内采用地膜覆盖，以减少棚内湿度。

③生态防治。加强通风，日落后通风，夜间气温为8～9℃时，要适当通风，为避免夜温过低。日落前关闭门窗先提温，日落后再降温排湿。当棚内夜间湿度随夜温的降低而升高时，早晨可适当放风降湿，然后关闭放风口，使温度提高到30℃，这样可防霜霉病，对黄瓜生长有利。

④药剂防治。定植前在苗床喷两次40%的乙磷铝可湿性粉剂200倍液，或65%的代森锌500倍液，做到带药定植。

发现中心病株时，及时摘除病叶，并选择下列药剂交替或混合防治。

64%的杀毒矾 M_8 可湿性粉剂400倍液喷雾。

75%的百菌清可湿性粉剂600倍液喷雾。

25%的甲霜灵或甲霜灵锰锌可湿性粉剂400～600倍液喷雾。

在保护地应采用百菌清、多菌灵等粉尘剂或烟雾剂防治。

(二) 黄瓜枯萎病

1. 症状　苗期发病时子叶变黄，不久干枯，幼茎、叶、叶柄及生长点萎蔫或根茎部变褐色。成株发病，茎基部纵裂或部分叶片中午萎蔫，早晚恢复；叶色变淡，直至全部萎蔫，最后植株枯死。

2. 传播途径　种子和有机肥带菌是无病区初侵染源。在老病区土壤和肥料则是初侵染源。病菌侵入途径主要是自然裂口和根部伤口。病菌入侵后分泌果胶酶、纤维素酶等有毒物质，使瓜叶迅速萎

蔫。地上部的重复侵染主要是通过灌溉水传染，地下部很少当年重复侵染。发病期，空气相对湿度90%以上，气温20~25℃，或连续两天连阴雨，病势进展迅速。试验证明：秧苗老化、连作和过分干旱也是引起此病发生的条件。

3. 防治方法

①选用抗病品种，如选用长春密刺、津杂1号、春魁、秋魁等较抗病的品种。

②在露地栽培，要选择5年以上没有种过瓜类作物的田块种植。尽可能避免连作。苗床用土要选择非瓜类地块的土壤。

③采用黑籽南瓜作砧木，计划选用的黄瓜品种作接穗，进行嫁接。

④用纸筒或塑料营养钵育苗，营养土提前消毒，做到定植时不伤根，可减轻枯萎病的发生。

⑤使用充分腐熟的有机肥，做到小水勤灌，避免大水漫灌，适当多中耕，增加土壤透气性，使根系健壮，增强抗病性。

⑥药剂防治。发病前或发病初期，用50%多菌灵可湿性粉剂500倍液，或40%多菌灵悬浮剂400倍液，或50%甲基托布津可湿性粉剂400倍液，或30%DT杀菌剂350倍液灌根，每株灌药液0.3~0.5千克，隔10天后再灌一次，连续防治2~3次。

（三）黄瓜灰霉病

1. 症状　病菌多从开败的花中侵入，使花腐烂，并长出淡灰褐色的霉层，进而向瓜条侵入，造成脐部腐烂。被害瓜迅速变软、萎缩、腐烂，病部表面密生霉层。较大的瓜被害时，组织先变黄并生白霉，后霉层变成淡灰色，被害瓜轻者停止生长，重者腐烂而脱落。

2. 传播途径　病菌以菌丝、分生孢子或菌核形式，附着在病残体或遗体上在土壤中越冬。分生孢子随气流、雨水及农事操作进行传播蔓延。

此病发育适温为23℃，最低2℃，最高31℃及高湿条件。春季连阴雨多，气温不高，棚内湿度大，容易发病。

3. 防治方法

①加强管理，通风散湿，适当控制浇水，及时摘除病果、病叶、病花。

②喷洒50%速可灵可湿性粉剂2000倍液，或50%扑海因可湿性粉剂1500倍液，或50%多菌灵可湿性粉剂800倍液，或50%托布津可湿性粉剂400~500倍液。

(四) 黄瓜白粉病

1. 症状　苗期至收获期均可发病。以叶片发病最重，叶柄和茎上次之，果实很少受害。发病初期在叶面和叶背、幼茎上产生白色近圆形小粉斑，叶正面为多，其后向四周扩展成边缘不明显的连片白粉。重病时整个叶片布满白粉，即为病原菌的无性阶段。发病后期，白色霉斑因菌丝老化变为灰色，在病斑上生出成堆的黄褐色小粒点后变黑。

2. 发病条件　白粉病在10~25℃均可发生，但能否流行，取决于湿度和寄主的长势，一般湿度大有利于流行。所以，雨后干燥或少雨，但田间湿度大，白粉病流行速度快。尤其当高温干旱与高湿高温条件交替出现，又有大量白粉菌时，易感染白粉病。

3. 防治方法

①选用抗病品种。

②注意切断病原菌侵染源，冬季温室和大棚不要连作黄瓜。禁止往温室内带有白粉病的花卉，特别是月季花。

③培育壮苗，增强抗病力。

④药剂防治。用15%粉锈灵可湿性粉剂或20%粉锈灵乳油2000~3000倍液，防治效果较好，残效期可达20天以上。也可用40%敌唑酮可湿性粉剂3000~4000倍液防治。

二、茄果类主要病害与防治

（一）番茄早疫病

1. 症状　苗期、成株期均可感染，初发为小黑点，后发展为不断扩大的轮纹斑，边缘多具浅绿色或黄色晕环，中部现同心轮纹，且轮纹表面生毛刺状不平坦物，别于轮纹病。茎部多在分枝处产生褐色至深褐色不规则圆形病斑，凹或不凹，表面生灰黑色霉状物。

2. 发病条件　高温高湿有利该病发生，气温在20~25℃，田间湿度大或连续阴雨或多露发病重。番茄进入旺盛生长期，果实迅速膨大，植株生长速度变缓，基部叶片开始衰老，遇有小到中雨或连续几天相对湿度高于70%，有利于发病。

3. 防治方法

①防止保护地湿度过大，采用粉尘法于发病初期喷洒5%百菌清粉剂，15千克/公顷，隔9天一次，连续3~4次。

②施用45%百菌清烟雾剂或10%速克灵烟剂，每次200~250克。

③发病前开始喷洒50%扑海因可湿性粉剂1000~1500倍液，或75%百菌清可湿性粉剂600倍液，或58%甲霜灵锰锌可湿性粉剂500倍液。

④番茄茎部发病除喷洒上述杀菌剂，也可把50%扑海因可湿性

粉剂配成180~200倍液，涂抹病部，必要时还可配成乳油剂，效果更好。

(二) 番茄病毒病

1. 症状　常见的田间症状有花叶、蕨叶、条斑、巨芽、卷叶、黄顶等六种。而多数是由烟草花叶病毒引起的花叶病毒类型，在叶片上出现黄绿相间、深浅相间、叶脉透明、叶略有皱缩的不正常现象，一般病株比正常植株小。蕨叶型是由黄瓜花叶病毒引起的。条斑型是由烟草花叶病毒和黄瓜花叶病毒引起的，或其他一两种病毒混合侵染引起的。

2. 传播途径　病毒在多种植物上越冬，种子带毒，是初侵染源。由接触病毒汁液传染。番茄花叶病毒和条斑病毒多附着在农具、架杆及衣服上，在育苗和田间管理过程中传播蔓延。

3. 防治方法

①选用抗病品种，如近几年选育的具有抗病毒基因的品种均较抗病，如早丰、早魁、毛粉、苏抗、佳粉、秦粉等。

②播种前用清水浸种3~4小时，再放入10%磷酸三钠溶液中浸20~30分钟，捞出后用清水冲净再催芽、播种。定植用地要进行轮作，深翻，促使带毒病残株腐烂。有条件的可在土壤中加施石灰，底肥增施磷钾肥，使土壤中烟草花叶病毒钝化。

③适时播种，培育壮苗，适时早定植，促进早发，早中耕培土，促进发根，利用塑料大棚或中棚覆盖躲过田间发病期。晚打杈，早

采收。坐果期要及时浇水。

④发病初期喷1000倍高锰酸钾。注意及早防蚜。

(三)番茄青枯病

1. 症状 受害株苗期症状不明显，株高0.3米后，病株开始出现症状。先是顶端叶片萎蔫下垂，随后下部叶片凋萎，中部最后凋萎。病株茎表皮粗糙，不定根、不顶芽增生，纵切可见导管变褐，并有乳浊状菌溢出。染病初期早晨尚可恢复正常，但染病不久导管被细菌堵塞，病株即青枯死亡。

2. 传播途径和发病条件 此病菌主要在土壤越冬，第二年随雨水、灌溉水及土壤传染。病菌从寄主根部或茎基部伤口入侵，在导管繁殖蔓延。病菌生长适温30~37℃，最高41℃，最低10℃；遇52℃时经10分钟致死。病菌在种子或寄主体内可存活200天左右，一旦脱离寄主只能存活两天，但在土壤中可存活6年之久。高温高湿是此病发生的条件，土温较气温更重要。病区土温20℃时，病菌开始活动，土温25℃时田间将出现发病高峰。

3. 防治方法

①实行与十字花科或禾本科作物4年以上的轮作。

②选择无病地育苗，采用高畦栽培，避免大水漫灌。

③及时拔除病株，并用石灰消毒。

④加强栽培管理、施入充分腐熟的优质肥料或草木灰。

⑤发病初期用100~200毫克/升硫酸链霉素或“农抗401”500倍液灌根，每株药液0.3~0.5千克，隔10天左右灌一次，共灌2~3次。也可在发病前，喷70%DT可湿性粉剂500倍液，连续防治3~4次。

(四) 番茄灰霉病

1. 症状　主要为害果实，一般青果发生较重。被害时多数先侵染残留的花或花托，然后向果实和果柄发展，导致果皮变成灰白色，软腐。后期在果、花托和果柄上出现大量土灰色霉层，即病原子实体，以后果实失水僵化。叶片一般由叶尖开始发病，病斑呈“V”字形向内发展，初期为水浸状，浅褐色。后干枯，表面生少量灰霉，叶片枯死。

2. 发病条件　病菌发育适温23℃，最低2℃，最高31℃。对湿度要求很高，一般12月至次年5月，气温20℃，连续湿度90%以上的多湿状态易发病。据调查：大棚持续较高相对湿度，是造成灰霉病发生和蔓延的主导因素。在春季，碰到连阴雨天气的时候，气温偏低，放风不及时，棚内湿度大，导致灰霉病发生和蔓延。此外，植株过密，生长旺盛，管理不及时，都会加快此病的扩展。

3. 防治方法

①加强通风管理。上午尽量保持较高的温度，使棚顶露水雾化；下午适当延长放风时间，加大放风量，以降低棚内湿度；夜间要适当提高棚内温度，以减少叶面结露。

②发病初期严防浇水量过多。灌溉应在上午进行，减低夜间棚内湿度和结露。

③发病后及时摘除病果、病叶和侧枝，集中烧毁或深埋，防止传播。

④可用50%速克灵可湿性粉剂2000倍液，或25%多菌灵可湿性

粉剂 400~500 倍液，或 75%百菌清可湿性粉剂 500 倍液，隔 7~10 天喷一次，视病情连续防治 2~3 次。

(五) 番茄叶霉病

1. 症状　叶片、叶柄、果实均可染病。发病初期叶背生白色霉斑，近圆至不规则形，霉斑多时会互相融合，布满叶背，后期霉斑转褐至墨绿色。被害叶正面出现黄色病状，严重时叶正面也会生斑，加速叶及整株的干枯。果实染病，果蒂附近形成圆形黑色病斑，硬化稍凹陷，不能食用。

2. 发病条件　病菌发育适温 20~25℃，最高 34℃，最低气温 9℃，相对湿度 90%易流行，潜育期一般为 14 天左右。在植株茂密、浇水过多的条件下，易蔓延成灾。塑料大棚遇连阴雨或棚内湿度大、持续时间长，此病也会流行。

3. 防治方法

①选用抗病品种，实行 3 年以上轮作，采用无病种子，施足底肥，增施磷钾肥。保护地栽培要适当减少浇水，加强通风。

②熏蒸温室和大棚，每 55 米的空间，用硫黄粉 0.13 千克，锯末 0.25 千克，混合后用煤球或木炭点燃，于定植前熏烟 24 小时。也可在生长期内用百菌清烟雾剂，每公顷 3750 克，分放适当位置上后点燃，密闭 3 小时即可开棚。

(六) 番茄脐腐病

1. 症状　番茄脐腐病又名蒂腐病，是生理病害。初期幼果脐部出现水浸状斑点，后病斑逐渐扩大，通常直径1~2厘米，严重时扩展到小半个果实。后期遇潮湿条件，病斑受腐生真菌的寄生而出现黑色或红色霉状物。

2. 病因　水分供应失常及缺钙是诱发此病的主要原因。当土壤中长期水分充足，而在植株生长旺盛时水分骤然缺乏即发病。植株不能从土壤中吸取足够的钙素，致使细胞生理紊乱，失去控制水分能力而发病。

3. 防治方法

①用地膜覆盖。可保持土壤水分相对稳定，并能减少土壤中钙质等养分的淋湿，是预防脐腐病的有效方法之一。

②适时灌水。尤其是结果期更需要注意水分的均衡供应。灌水应在清晨或傍晚进行。

③凡果皮较光滑、果实较尖的品种都较抗病。

④根外追肥。番茄着果后1个月内是吸收钙的关键时期，可喷洒1%的过磷酸钙，或0.1%氯化钙等。从初花期开始，隔15天喷一次，连续喷洒2次。

(七) 茄子的绵疫病

1. 症状　主要为害果实。受害果初为水渍状，圆形斑点，稍凹

陷，果肉变黑褐色腐烂，易脱落。湿度大时，表面长出茂密的白色棉絮状菌丝，扩展迅速。病果落地后很快腐败。茎部受害初呈水浸状缢缩，后变暗绿色至紫褐色，其上部萎蔫，潮湿时上生稀疏白霉。叶片被害呈不规则圆形，水浸状褐色至红褐色病斑，有较明显轮纹，边缘不明显，潮湿时病斑上生稀疏白霉。

2. 发病条件　病菌生长发育适温28~30℃，要求很高的湿度和水滴，因此高温、多雨、湿度大是此病流行的条件，北方7~9月，南方5~6月至8~9月都是高温多雨季节，发病重。此外地势低洼、土壤黏重的土壤及雨后水淹、管理粗放和杂草丛生的地块发病重。

3. 防治方法

①实行轮作，选择高低适中、排水方便的田块，秋冬深翻，施足优质充分腐熟的有机肥料，采用高垄或半高垄栽培，生长期及时中耕，整枝，摘除老叶、病叶、病果，采用地膜覆盖，增施磷钾肥等。

②发病初期用75%百菌清可湿性粉剂500倍液，或40%乙磷铝可湿性粉剂200倍液，或64%杀毒矾 M_8 可湿性粉剂400~500倍液，隔7~10天喷一次。

三、其他蔬菜主要病害与防治

（一）蕹菜轮斑病

1. 症状　此病主要为害叶片。叶上初生褐色小斑点，扩大后呈圆形、椭圆形或不规则形，红褐色或浅褐色，病斑较大，有些病斑具有明显的同心轮纹，后期轮纹斑上有小黑点。

2. 发病规律　本病由半知菌亚门蕹菜叶点霉属真菌侵染而致。

病菌随病残体在土壤中越冬，翌年春天随雨水、灌溉水进行传播和再次侵染。在湿度大、通风不良的田块发病重，在雨水多的年份易发病。

3. 防治方法

①清洁田园，深翻土地，减少土壤带菌。

②重病区实行 2 年轮作。

③发病初期，喷 65%代森锌可湿性粉剂 500 倍液，或 70%百菌清可湿性粉剂 600 倍液，或 58%甲霜灵锰锌可湿性粉剂 500 倍液。

(二) 生菜腐烂病

1. 症状　多从生菜基部和根颈开始渍染。初呈水浸状黄褐色斑，逐渐由叶柄向叶面扩展，由根颈和基部叶柄向上发展蔓延，或从外叶缘形成灰白至浅褐色较大病斑，向叶球里层发展，最后全株腐烂。潮湿条件下表现为软腐，根颈或叶柄基部产生稀疏的蛛丝状菌丝，干燥时植株呈褐色，枯死、萎缩。另一类型是腐烂，多从植株基部伤口处开始，初呈浸润状半透明状，充满浅灰色黏稠物，放出恶臭味。也可从外部叶片边缘腐烂。

2. 发病规律　此病由立枯丝核菌和欧氏干菌侵染引起。病菌以菌丝体和菌核在土壤中和病残体上越冬。病菌通过浇水、堆肥或昆虫进行传播，在生长不良、多湿条件下易发病。

3. 防治方法

①种子处理。用种子重量的 0.4%的 40%可湿性粉剂拌种双，或 50%多菌灵可湿性粉剂拌种。

②发病初期喷洒 75%百菌清可湿性粉剂 600 倍液，或 70%甲基托布津可湿性粉剂 500 倍液，或农用链霉素 4000 倍液喷雾。

（三）落葵蛇眼病

1. 症状　主要为害叶片，病斑近圆形，直径26毫米左右，边缘紫褐色，病健部分明显，病斑中部黄白色至黄褐色，稍下陷，质薄，有的易穿孔，严重时病斑密布，不堪食用。

2. 发病规律　本病由半知菌亚门尾孢属真菌侵染引起。病菌以菌丝体和分生孢子随残体遗落土表越冬，翌年以分生孢子进行初侵染，病部产生的孢子借气流和雨水传播进行再侵染。高温多雨易发病。

3. 防治方法

①适当密植，避免浇水过量及偏施氮肥。

②发病初期喷洒75%百菌清可湿性粉剂600倍液，或50%多菌灵可湿性粉剂500~700倍液，或50%速克灵可湿性粉剂2000倍液。

（四）蕹菜褐斑病

1. 症状　主要为害叶片。初为黄褐色小点，后扩展成圆形至椭圆形，或不规则黑褐色斑，直径4~8毫米，边缘明显。当病重时，病斑互相连接，病叶枯黄而死。

2. 发病规律　本病以菌丝体在病叶内越冬，翌年产生出分生孢子，借空气传播蔓延。

3. 防治方法

①选用无病种子或用种子量0.3%的35%甲霜灵拌种。

②注意田间排水，降低湿度。

③发病初期喷25%甲霜灵可湿性粉剂1000倍液，或64%杀毒矾M_8可湿性粉剂500倍液。

(五) 苋菜白锈病

1. 症状　主要为害叶片。叶面初现不规则褪色斑块，叶背生圆形至不定型白色疱状孢子堆，直径1~10毫米不等，严重时疱斑密布或连片，叶片凹凸不平，终至枯黄。

2. 发病规律　在北方寒冷地区，病菌孢子随病残体遗落土壤中越冬，翌年卵孢子萌发，产生孢子囊或直接产生芽管侵染致病。在南方，病菌孢子囊进行侵染，借气流或雨水溅射传播蔓延。孢子囊萌发适温为10℃，多雨季节偏施氮肥发病重。

3. 防治方法　同蕹菜褐斑病。

(六) 芦笋茎枯病

1. 症状　主要为害茎部，也可为害鳞片和枝条。其茎部和中部的幼嫩部位最易感染，初期茎上呈现褪色小斑，随着病情发展，病斑逐渐变成紫红色，扩大则成菱形或条形，发病严重时，表面着生许多小黑点，后导致茎枝死亡。

2. 发病规律　病菌随病残体在土壤中越冬，第二年病菌孢子萌发率高达90%以上，种子也可带菌。深耕、排水好、施肥适当、管理精细的净土地，发病率低；反之，没有深耕、排水差、过量施氮肥、管理粗放的田块发病重。

3. 防治方法

①播种前先将种子放在70~80℃热水中，浸烫5~10分钟，立即放入冷水中漂洗，然后用25%多菌灵或64%杀毒矾1000倍液浸种1~2天，再用清水冲洗后播种。

②老笋田冬季将病残体及时清除和烧毁，清洁田园，减少侵染源。

③及时排出田间积水，降低地下水位和田间湿度，以控制病菌的侵染和流行。

④发病初期喷洒50%托布津可湿性粉剂500~700倍液，或50%速克灵可湿性粉剂1000~1500倍液，或75%百菌清可湿性粉剂500~700倍液。

（七）芦笋炭疽病

1. 症状　主要为害茎和枝条，病斑近长圆形或不规则菱形，褐色至红褐色，有时呈不明显的轮纹状排列。

2. 发病规律　病菌以菌丝体在土壤中越冬，种子也可带菌，田间分生孢子借风、雨、昆虫及农事操作进行传播。

3. 防治方法　同芦笋茎枯病。

（八）草莓灰霉病

1. 症状　主要为害果实和花器，也可为害叶片。初在花萼上出现水渍状小点，后扩展为近圆形至不定形斑，并由花萼延及子房及幼果，终致幼果软化、腐败。湿度大时，病部产生霉状物，造成果实脱落，失去食用价值，严重影响产量。

2. 发病规律　病菌以菌丝体、菌核及分生孢子随病残体在土壤中越冬，进行初侵染和再侵染。在气温20℃左右、湿度大的环境条件下易发病。多肥、多雨、过于密植、枝叶茂盛的田块发病重。

3. 防治方法

①提倡高垄栽培，定植时不可过密，及早分棵和摘除下部叶片。减少田间湿度。

②定植前每公顷撒施50%的甲基托布津可湿性粉剂30千克，耙入土中防病效果好。

③发病初期喷洒25%多菌灵可湿性粉剂400倍液，或50%扑海因可湿性粉剂1500倍液，或75%百菌清可湿性粉剂500倍液防治。

(九) 荷兰豆褐斑病

1. 症状　主要为害叶、茎、荚。叶上病斑圆形，淡褐色至黑褐色，边缘明显。茎上病斑椭圆形或纺锤形，后期下陷。果荚上病斑圆形，后期下陷，茎、荚上病斑均为深褐色。病斑上均产生小黑点（分生孢子器）。

2. 发病规律　病菌以菌丝体和分生孢子器在种子和病残体上越冬。种子带菌，出苗后使幼苗染病，病部产生分生孢子借雨水传播，进行初侵染和再侵染。在15~20℃时，多雨潮湿易发病。

3. 防治方法

①选留无病种子或进行温汤浸种，将种子置于冷水中预浸4~5分钟，再移入50℃温水中浸5~10分钟，放入冷水中冷却，晾干后播种。

②与非豆科作物实行3年以上轮作。

③清洁田园，减少土壤带菌。

④发病初期喷洒50%甲基托布津可湿性粉剂500~800倍液或75%百菌清可湿性粉剂500~800倍液，或50%苯菌灵可湿性粉剂1500倍液防治。

第四节 北方蔬菜的主要虫害与防治

一、蔬菜的地下害虫

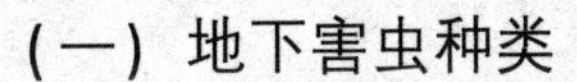

(一) 地下害虫种类

1. 小地老虎 成虫为灰褐色，有黑色斑纹的蛾子。幼虫初孵化时呈灰褐色至黑褐色，成熟幼虫体形略扁，全体黑褐色稍带黄色。杂食性，幼虫为害。

2. 蛴螬 成虫为大金龟子，体长约21毫米，呈长椭圆形，鞘翅革质坚硬，黑褐色有光泽；幼虫长约35毫米，乳白色，蛹长20毫米，体黄色，头部褐色，杂食性。

3. 根蛆 成虫为灰黑色小蝇。体长4.5毫米，雌虫体长5毫米，淡灰色，幼虫乳白色略带黄色，体长7~10毫米，蛹长4毫米，黄褐色。危害瓜类、豆类、葱蒜类。

(二) 防治方法

①以柔嫩多汁的杂草50份与1.5%的乐果粉剂一份拌和制成毒饵，傍晚撒于田间，每公顷225~300千克，或每公顷用干谷7.5~10

千克，煮到半熟，晾干使谷粒互不黏结，然后用50%敌敌畏50倍液，或美曲膦酯30倍液将谷粒拌匀制成毒饵诱杀。

②随水浇施氨水或75%辛硫磷2000倍液，或90%美曲膦酯1000倍液灌根，每株0.2千克，可杀死根蛆和蛴螬。

二、蔬菜的主要害虫

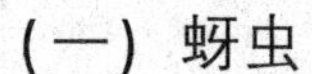

(一) 蚜虫

1. 形态特征　蚜虫可分为有翅蚜和无翅蚜，体长不超过2毫米，呈黄绿色或绿色、褐色。蚜虫群集叶背吸食汁液，使叶片卷缩、变黄，影响植株生长，又是传播病毒的主要媒介。

2. 防治方法　喷40%乐果乳油1000倍液，或50%马拉硫磷乳油1000~2000倍液，或50%抗蚜威可湿性粉剂或复果乳油（其中敌敌畏40%，氧化乐果10%）2000~3000倍液，进行防治。

(二) 菜青虫

1. 形态特征　菜青虫又名菜粉蝶，成虫体长12~20毫米，翅展45~55毫米，前后翅均为粉白色，体黑色，雌蝶前翅前缘和基部大部分灰黑色，在翅的前缘近外方有两个黑斑。雄虫翅色洁白，基部黑色部分较小，前翅上只有一个明显的黑斑，近后缘的圆斑不明显，顶角有三角形的黑色斑，色淡而小。

卵长瓶状高约1毫米，初产时为淡黄色，后变为橙黄色。表面有许多纵横的隆起纹，形成长方形小格。卵单生，直立在叶片上。

幼虫为菜青虫，老熟幼体长28~35毫米，体青绿色，密布黑色瘤状突起，上有细毛，背线淡黄色，腹面浅绿白色。共有5龄。

蛹体似纺锤形体，长 18~21 毫米，体色随化蛹时附着物而异，有灰黄、灰绿、灰褐、青绿等色。尾部和腰间有白细丝与寄主相连。

2. 发生条件　菜粉蝶发育的最适温度为 20~25℃，相对湿度为 76%左右，当气温低于 6℃，或高于 32℃，相对湿度在 60%以下时，就会大量死亡。由于春秋两季十字花科蔬菜栽培面积大，气候条件也适宜，因此，4~6 月和 8~10 月是菜青虫发生的两个高峰期，夏季则发生较少。

3. 为害特点　菜粉蝶属于鳞翅目、粉蝶科。主要以幼虫为害菜心、白菜等十字花科蔬菜。成虫只在开花植物上吸食蜜露和产卵。2 龄以后的幼虫食量大，可将菜叶咬成空洞或吃成缺刻，严重时可将叶片吃光，仅存叶脉及叶柄。其排出的大量粪便，污染菜面和菜心，使蔬菜变质、腐烂。其造成的伤口还易使细菌侵入，引起软腐病。

4. 防治方法

①药剂防治。根据菜青虫发生期和蔬菜的生育期综合考虑施药期，以产卵盛期后 5 天左右打药，消灭幼虫在 3 龄以前，在甘蓝、白菜包心期要每周喷药一次。常用药有：20%杀灭菊酯 2000~2500 倍液，或 50%辛硫磷乳油 1000~1500 倍液，或 50%敌敌畏乳油 1000~1200 倍液。

②生物防治。用每克含 100 亿孢子的青虫菌粉 400~600 倍液，或 20%灭幼脲 1 号、3 号 500~1000 倍液喷雾防治。

（三）棉铃虫

1. 形态特征　成虫体长 15~17 毫米，翅展 27~28 毫米，体色多变化，一般雌体红褐色，雄体灰绿色，前翅中横线由肾状纹下斜伸至翅后缘，末端达环状纹的下方。外横线斜向后伸达肾状纹正下方。后翅黑褐色。

卵半球形，乳白色，卵壳上有网状花纹。老熟幼虫一般体长30~42毫米，体色变化很大，一般有淡绿色、绿色、黄白色、褐色、黑紫色等，头部黄色。两根前胸侧毛连线与前胸气门下端相切，甚至通过前胸气门。蛹体长17~21毫米，纺锤形，黄褐色。

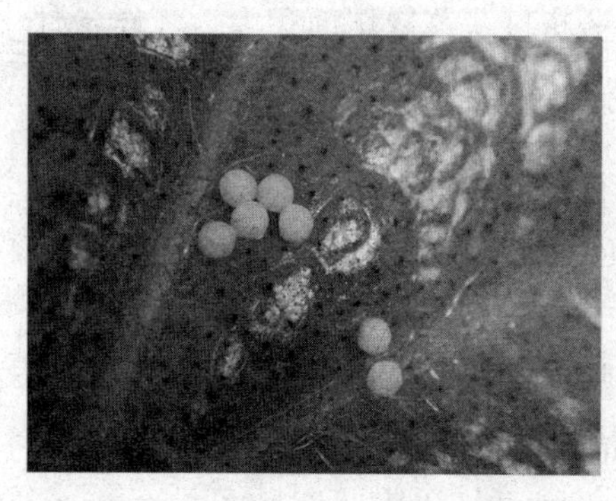

2. 发生条件　棉铃虫为喜温喜湿害虫，一般每年发生2~5代，当气温在25~28℃，相对湿度在75%~90%时，最适宜幼虫发育。当月降雨量在200毫米，相对湿度70%以上时，为害严重。但雨水过多土壤板结，则不利于幼虫入土化蛹和羽化出土。此外，暴风雨对卵有冲刷作用，可以减轻棉铃虫的数量。

3. 为害特点　棉铃虫属鳞翅目、夜蛾科。为杂食性害虫，可为害番茄、茄子、豆类、白菜、甘蓝、马铃薯等蔬菜。尤其以为害番茄最重。主要以幼虫蛀食蕾、花、果及嫩叶、嫩茎及芽。造成花蕾脱落，幼果空洞，腐烂脱落。果实成熟后其上蛀食空洞，病菌易侵染，常引起腐烂失去食用价值。

4. 防治方法

①实行冬耕冬灌，消灭越冬蛹。

②黑光灯诱蛾，利用成虫趋光的习性，可在田间安装黑光灯诱杀成虫。

③番茄结果初期可用50%杀螟松乳油1000倍液，或2.5%溴氰菊酯乳油2000倍液，或40%菊杀乳油2000~3000倍液喷雾防治。

(四) 黄条跳甲

1. 形态特征　成虫体长约 2.2 毫米，黑色有光，触角第一二节或第二三节赤褐色；鞘翅上部两端大，中部狭而弯曲；前足大部黑褐色。后足腿节膨大，胫节、跗节黄褐色。

2. 发生条件　以春秋两季发生严重，湿度高的菜田严重于湿度低的菜田。

3. 为害特点　成虫食叶，以幼苗期为害严重，刚出土的幼苗，子叶被食后，整株死亡，造成缺苗断垄；在留种地主要为害花蕾和嫩荚。幼虫只害菜根，蛀食根皮，咬断须根，使叶片萎蔫枯死。

4. 防治方法

①清除菜地残株落叶，铲除杂草，消除其越冬场所和食料基地。

②播前深翻晒土，造成不利于昆虫生活的条件并消灭部分蛹。

③用 90%美曲膦酯晶体 1000 倍液，或 50%辛硫磷乳油 1000 倍液，或 2.5%溴氰菊酯 2500 倍液，采用大面积喷雾防治。

(五) 二十八星瓢虫

1. 形态特征　成虫体长 7~8 毫米，半球形，赤褐色，密被黄褐色细毛。前胸背板前缘凹陷而前缘角突出，中央有一较大的剑状斑纹，两侧各有两个黑色小斑（有时合成一个）。两鞘翅上各有 14 个黑斑，鞘翅基部有 3 个黑斑，与后方的 4 个黑斑不在一条直线上，两鞘翅合缝处有 1~2 对黑斑相连。卵长 1.4 毫米，纵立，鲜黄色有纵纹。幼虫体长约 9 毫米，淡黄褐色，长椭圆状，背面隆起，各节具黑色枝刺。蛹长约 6 毫米，椭圆形淡黄色，背面有稀疏细毛及黑色斑纹。尾端包着末龄的蜕皮。

2. 为害特点　成虫、若虫食害寄主作物的叶片、果实、嫩茎

等，食害的叶片仅留叶脉及上表皮，形成许多不规则透明的凹纹，后变为褐色斑痕，过多时会导致叶片枯萎；受害果、瓜，不仅减产，而且被啃食的部位会变硬，并有苦味，失去商品价值。

3. 防治方法

①人工捕捉成虫。利用成虫假死性，用盆承接扣打植株使之坠落。

②人工摘除卵块。此虫产卵集中成群，颜色鲜艳，极易发现，易于摘除。

③要抓住幼虫分散前的时机施药，可用90%美曲膦酯晶体或50%辛硫磷乳油1000倍液，或2.5%溴氰菊酯乳油3000倍液，或2.5%功夫乳油4000倍液喷雾防治。

（六）小菜蛾

1. 形态特征　成虫为灰褐色小蛾，体长6~7毫米，翅展12~15毫米，狭长，前翅后缘呈黄白色三度曲折的波纹，两翅合拢时呈3个连接的菱形斑。前翅缘毛长并翘起如鸡尾。卵扁平，椭圆状，大小0.5毫米×0.3毫米，黄绿色。老熟幼虫体长10毫米左右，黄绿色，体节明显，两头尖细，腹部的4~5节膨大，故整个虫体呈纺锤形，并且臀足向后伸长。蛹长58毫米，黄绿色至灰褐色，肛门周缘有钩刺3对，腹末有小钩4对。茧薄如网。

2. 为害特点　初龄幼虫啃食叶肉，残留一面表皮，呈一透明斑；3~4龄将叶食成孔洞，严重时叶片呈网状。在苗期常集中心叶

为害，影响甘蓝、白菜的包心。此外，尚可为害嫩茎、幼荚和子粒，对留种菜造成很大为害。

3. 防治方法　在防治菜青虫的同时可兼治此虫。但近几年有些地区小菜蛾发生量大，为害严重。可选用40%菊杀乳油2000倍液，或40%菊马乳油2000~3000倍液，或2.5%功夫乳油3000倍液，喷雾防治。

（七）野蛞蝓

1. 形态特征　成虫体长20~52.5毫米，爬行时体长30~36毫米，身体柔软而无外壳，暗灰色。头部具有两对暗黑色触角，下面一对为前触角，长1毫米；上面一对为后触角，约4毫米。前触角起感觉作用。眼在前后触角顶端、黑色。体背前端具外套膜，为体长的1/3，边缘卷起，在外套膜的后方右侧有呼吸孔，腺体能分泌无色黏液。

2. 为害特点　野蛞蝓属软体动物门，柄眼目、野蛞蝓科。可为害甘蓝、花椰菜、大白菜、番茄、菠菜、豆类等蔬菜。被害后叶片或叶球食成孔洞或缺刻，排出粪便污染叶面和包心叶，使菌类易侵染，造成腐烂，不堪食用。

3. 防治方法

①清洁田园，铲除田边地头杂草，减少蛞蝓滋生地。

②将氨水稀释70~100倍，于夜间喷洒毒杀，或用80%敌敌畏乳油1000~1200倍液喷雾。

③毒饵诱杀，将磨碎的豆饼或玉米粉加多副醛，配成有效成分为5%的毒饵，在傍晚时，施于田间进行诱杀。

(八) 潜叶蝇

1. 形态特征　成虫体长2毫米，头部黄色，复眼红褐色。胸、腹、足灰黑色，但中胸侧板、翅基、腿节末端、各腹节后缘黄色。翅透明，但有虹彩反光。卵长约0.3毫米，长椭圆形，乳白色。老熟幼虫体长3毫米，体表光滑透明，前气门成叉状，向前伸出；后气门在腹部末端背面，为一明显的小突起，末端褐色。蛹长2~2.6毫米，黄褐至黑褐色。

2. 为害特点　幼虫潜叶为害，蛀食叶肉留下上下表皮，形成曲折隧道，影响蔬菜生长。豌豆受害后，影响果荚饱满及种子的品质和产量。

3. 防治方法

①蔬菜收获后，及时处理残株叶片，减少菜地内成虫羽化数量，压低虫口。

②喷洒50%辛硫磷乳剂1000倍液，或2.5%溴氰菊酯、锐劲特等，在产卵盛期至卵孵化初期防治。